# 当代城市建设中的艺术设计研究

李 媛 郭 安 王璐瑶 ◎著

中国出版集团 现代出版社

图书在版编目（CIP）数据

当代城市建设中的艺术设计研究 / 李媛，郭安，王璐瑶著. -- 北京 : 现代出版社，2022.4
ISBN 978-7-5143-9883-0

Ⅰ. ①当… Ⅱ. ①李… ②郭… ③王… Ⅲ. ①城市环境－环境设计－研究 Ⅳ. ①TU-856

中国版本图书馆CIP数据核字(2022)第055709号

当代城市建设中的艺术设计研究

作　　者　李　媛　郭　安　王璐瑶
责任编辑　裴　郁
出版发行　现代出版社
地　　址　北京市朝阳区安外安华里504号
邮　　编　100011
电　　话　010-64267325　64245264(传真)
网　　址　www.1980xd.com
电子邮箱　xiandai@vip.sina.com
印　　刷　北京四海锦诚印刷技术有限公司
版　　次　2023年5月第1版 2023年5月第1次印刷
开　　本　185 mm×260 mm　1/16
印　　张　11
字　　数　247千字
书　　号　ISBN 978-7-5143-9883-0
定　　价　58.00元

# 前　言

在我国城市化进程中，随着对环境艺术的深入理解，人们已经普遍意识到城市建设中的艺术设计既不是单纯地对建筑方面的美化、装饰，也不是特定场所的小品、装置或雕塑，更不是今日街头艺术或媒体艺术，而是一种综合性很强的关系艺术、场所艺术和对话艺术。城市建设中的艺术设计与建筑环境关系之密切人人皆知，为什么必须在建筑格局、形态规划完成之后才对建筑形象和建筑环境进行艺术性的改造、弥补以及美化呢？既然建筑及其空间环境在其生成之际有着先天的审美缺憾，那为什么不在规划建设之初就进行艺术统筹规划呢？由于长期因循旧有的体制、观念和设计方法，人们对建设之后的二次美化投入所造成的经济损失和无法弥补的后果熟视无睹。然而，人为附加、修饰的美远没有本质的美来得自然、和谐、长久。因此，近年来城市规划、城市设计在学科交叉碰撞中不约而同地把环境艺术的理念纳入自身的设计体系，希望将环境艺术渗透到城市规划建设的策划期、实施期和发展期。

艺术设计作为一个城市的软实力，在城市建设中越来越受到人们的重视。艺术设计作为丰富城市形象建设的重要手段，使人们的生活变得更加多姿多彩，满足了人们的审美情趣及愉悦心情等精神层面的追求，保证了城市的可持续发展。另外，艺术设计也是创造城市特色的重要手段。

在内容上，本书将城市艺术设计的基本概念、原则和方法等内容作了全面系统的介绍，重点围绕城市建设中形象设计、景观艺术设计和居住环境艺术设计等几部分的内容提出了设计的要点和方法，最后一章落脚于生态环境发展背景下的城市建设。

在撰写过程中，笔者参阅了大量的文献资料，限于篇目，未能一一列举，敬请有关作者谅解。由于经验和水平有限，错漏仍难免，欢迎广大读者提出宝贵意见。

# 目　录

**第一章　城市艺术设计概述** ······ 1

第一节　城市艺术设计的概念界定 ······ 1
第二节　城市艺术设计的原则与特征 ······ 2
第三节　当代城市艺术设计的理论与方法 ······ 10

**第二章　建筑的平面、剖面与造型设计实践** ······ 21

第一节　建筑的平面设计方法 ······ 21
第二节　建筑的剖面设计 ······ 29
第三节　建筑的造型与装饰设计 ······ 33

**第三章　城市建设中的形象设计** ······ 39

第一节　城市形象设计概述 ······ 39
第二节　城市形象设计的原则 ······ 47
第三节　城市形象设计的程序 ······ 50
第四节　城市形象设计的发展趋势 ······ 55

**第四章　城市景观要素规划设计** ······ 57

第一节　自然景观要素的景观处理 ······ 57
第二节　人文景观要素及其设计处理 ······ 68

**第五章　城市居住环境艺术设计** ······ 87

第一节　城市居住环境艺术设计的理论 ······ 87
第二节　城市居住环境的营造要素 ······ 93
第三节　城市居住环境艺术设计的环节 ······ 102
第四节　城市居住环境艺术设计的要点 ······ 104

**第六章　城市广场景观艺术设计** ······ 117

第一节　广场的分类 ······ 117
第二节　广场设计的原则 ······ 123
第三节　广场设计原理与方法 ······ 125

第四节　广场空间的环境设计 …………………………………………………… 129

**第七章　生态环境发展下的城市建设** …………………………………………… 139

第一节　生态城市建设的理论基础 …………………………………………… 139
第二节　生态城市建设的动力机制与关键技术 ………………………………… 148
第三节　生态城市评价体系的构建策略 ……………………………………… 158

**参考文献** ………………………………………………………………………… 167

# 第一章　城市艺术设计概述

## 第一节　城市艺术设计的概念界定

### 一、城市的概念

城市是人类创造的伟大成就，是人类文明进步、社会经济繁荣的象征。城市的形成不是偶然的，而是社会发展到一定阶段的必然产物。早在原始社会中后期，农业与畜牧业分离，以农业为主的居民点逐渐形成，为城市的产生提供了可能。随着社会的进一步发展，手工业又从农业中分离出来，形成一个独立的行业。为了便于商品交换和保护部落、宗族的生命财产安全，具备商业交换职能和防御职能的固定居民点应运而生。所以，在这一时期城市还只是一种场所，并不是今天作为政治、经济、文化的综合体。当时的“城”与“市”是两个不同的概念。“城”是指在都邑四周筑以墙垣，扼守交通要冲，由内外两城构成的以防卫为主的军事据点。“市”是指固定的交易场所。因为“城”“市”的功能、性质不同，所以在“城市”出现之初，二者并不是结合在一起的。后来，随着“城”里人口的不断增多，“市”便由散落状态向固定状态演变，在地点上也开始由郊区向“城里”迁移。

城市组织结构的复杂性导致了城市概念认知的模糊性和多义性。不同学科的学者对城市有着不同的认识。历史学家认为城市是一部用建筑材料书写的历史教科书；政治学家把城市看作政治活动的舞台；社会学家认为城市是社会化的产物，是人口聚居的社区，是一种生活空间；经济学家认为城市是生产力的聚集区和各种经济活动的中心；建筑学家把城市看作各种建筑物、构筑物的综合体；生态学家认为城市是人按照一定目的、要求及规范建造起来的人类聚集地，是具有人工痕迹的生态环境。

### 二、城市艺术设计的概念

近几十年来，城市的快速发展改善了城市面貌，给都市居民的生活带来了巨大的便利，但也营造了大量刻板的空间：令人望而生畏的摩天大楼、让人兴叹的城市广场、令人望而却步的滚滚车流。在这些既无美感又缺乏人性关怀的失落空间里，寻求一丝惬意和愉悦似乎早已成为人们难以企及的心灵渴望。面对人们不断提升的生活水平与日益恶化的环境状况之间的矛盾，改善城市环境，提升城市品质也就成为当代城市发展面临的主要任务。为了提升城市环境质量，为生活在都市中的居民营造赏心悦目的美丽景观，城市艺术设计的概念应运而生。

城市艺术设计是一门为人们创造美丽、优质生活环境的综合艺术和科学。它致力从艺术的角度审视和建设城市，通过增加艺术元素，使艺术设计和城市环境互相配合，协调起来进行整体规划、综合考量系统建设，为居民营造既能满足物质需求又能满足精神需求的生活空间。城市艺术的概念有广义和狭义之分。广义的城市艺术是指以艺术的手段或方法进行城市设计，它指的是一种理念、行为及方法，并不是某种特定的视觉形式。狭义的城市艺术则是指对城市的装饰和美化，是一种视觉艺术手段。城市艺术设计注重对城市外在形象的修饰，并非对城市进行简单的“涂脂抹粉”式的化妆，也不是随意摆设几个雕塑、种上几片草坪、移植一些树木、设置一些座椅或建几个气派的广场和建筑物，而是化景物为情思，以艺术的思维和艺术的观念展现城市的历史、文化及地域风情。把城市当作艺术品一样精雕细琢、悉心经营，才能创造出既有魅力又有内涵的城市形象，诗意的栖居才能最终实现。

城市艺术设计古已有之，但作为一种概念还是近几年的事。城市艺术设计作为对当代城市环境问题的反思和针对当代“经济城市”“功能城市”等建设观念的矫正，它的提出标志着城市建设由追求外延式发展向注重内涵式发展转变；从注重科学、技术向关注人文、艺术转变；由追求感性形式向探索理性本体转变。

## 第二节　城市艺术设计的原则与特征

### 一、城市艺术设计的原则

#### （一）人文艺术、科学技术与人的行为相统一

事物的发展总是相互的，城市艺术设计的发展在壮大，出现的问题、涉及的方面也逐渐变多。城市艺术设计范围已不局限于本身，而是扩展到了其他领域，如植物学、物理学、心理学、地理学、生态学、文学、美学、哲学等。因此，我们要想解决这些问题就要多方位钻研，学习多方面知识，而不应局限于单一学科或专业。然而，这需要下一番苦功，只有强调洞察关系、突破障碍，跨越学科界限，摒弃传统城市建设的思维和模式，将科学与艺术、逻辑与形象、直觉与灵感相结合，充分发挥彼此之间相互补充、相互促进的作用，通过对各种形式的兼容并蓄、融会贯通，才能创建一个美观、宜居的魅力城市。

城市艺术设计从概念到实现除了受科学、人文、艺术这几个方面的影响，还与其他方

面有关系。比如，人，如果没有人作为载体，其他任何因素都不是活的，只有把人的因素加进去，城市艺术设计才会有灵性。人的思想、艺术、人文、科学等互相结合，所起到的作用也是各不相同的。从客观方面说，科学技术、艺术、人文这几方面都可以划分到城市艺术设计领域。从主观方面说，人的行为在城市艺术设计中居主导地位。这几个方面不能简单地判断优劣，正如那句话，尺有所短、寸有所长。从美观的方面说，艺术、人文更重要。从专业技术说，城市艺术设计离不开科学技术。人文和自然也是不同的。技术偏向于城市建设方面，而人文、艺术注重人道主义情怀、审美、情趣等。一个成功的城市规划，这两方面应该相得益彰。

从上面的论述中，我们知道城市艺术设计涉及四方面的因素，其中人的思想又是占主导的。面对当前“千城一面”的城市形象，从当代城市缺乏特色、美感消除的事实看，并不是城市没有特色，而是城市建设受人的制约过多，城市建造师盲目跟从、缺乏自信，城市自身的生长肌理才会受到抑制。人的行为是造成“千城一面”的根源，解铃还须系铃人，城市能否实现可居、可观、可游其实还取决于人为因素。如果整个社会普遍缺乏对人文和艺术的认识或意识，那就很难实现市民居住环境多样化。人文艺术的意识普遍得到广泛的拓展，将有助于加速城市艺术的实现。因此，只有提升人们的科学、人文、艺术意识，遵从城市发展规律，摒弃个人主义表现欲望，减少不必要的干涉行为，可居、可观、可游的魅力城市才能真正实现。可以说，人文、艺术、科学技术与人的行为之间相互协调、协同发展是实现美好城市的前提和基础，偏重任何一方都不能实现既定目标。

### （二）健康、宜居、友好相协调

城市艺术设计的目的是给生活在城市中的居民提供健康、宜居、友好的生活环境。而健康作为城市艺术设计的重要原则，要求从城市的整体规划到细部建设再到经营管理等各方面都要遵循“以人的健康为中心”这一原则，使生活在这里的人们能够有条件享受到健康的环境、健康的艺术和健康的心情。健康的城市是城市的建设者与参与者共同缔造的综合体，需要两方面的相互协调。一是城市的管理者和设计者要为市民提供有利于提高居民参与意识的宽松、自由的文化与艺术环境。例如，让公众积极参与公共艺术，并大力发展城市综合绿化以改善人们的居住环境，还可以通过建设屋顶花园、垂直绿化以及道路绿化等创造一个天蓝、树绿、水清的生活环境。二是市民要不断提升审美意识和道德水准，进而共同促进城市的健康发展。

宜居是城市艺术设计的核心内容。城市艺术的一切行为都是为创造宜居环境服务的。宜居的城市必须符合两大条件：其一是自然条件，即城市要有新鲜的空气、洁净的水源、安全的公共空间以及人们生活所需的、充足的设施；其二是人文条件，宜居的城市应该是人性化的城市、平民的城市、充满人情味和文化味的城市，让人有一种归属感，觉得自己就是这座城市的主人，这个城市就是自己的家。总而言之，城市艺术设计通过公共艺术、环境设施、综合绿化以及城市色彩等方面的实施为创造一个宜居的城市提供了必要的条件和完善的内容。

友好也是城市艺术设计的主要原则之一。城市的友好分为环境的友好和人性的友好两个方面。环境的友好是指在城市生态系统的承载能力范畴内，运用人类生态学的原理和系统工程方法，改变人的生活习惯和生产方式以便建立与环境的良性互动，并以遵循自然规律为基础，倡导环境文化和生态文明，构建经济、社会、环境协调发展的社会体系，为人们提供稳定、安康、舒适的都市生活环境。城市的人性友好就是要通过城市艺术设计为生活在城市中的包括正常人士、残障人士以及老弱妇孺等在内的所有居民创造“平等参与”的环境。例如，在城市环境中设立盲道、盲文、警示信号、提示音响等易于辨别的标识等。在细微之处默默地传递着对特殊人群在生理和心理上关怀的城市才是友好的城市。

## （三）生态、绿色、可持续发展

随着人们生态意识的不断增强，生态、绿色与可持续发展设计已经成为整个社会的共识，并在城市、建筑、景观以及室内设计等领域取得了很大的进展。在城市艺术设计中要实现生态、绿色与可持续发展可以通过以下三种途径。

### 1. 建立生态补偿机制

生态补偿是指有意识地考虑可减少设计过程和设计结果对自然环境的破坏和影响的设计方法和设计措施。在长期的发展和演变过程中，有机体适应特定的生长环境，并对环境产生了“沉默的理解”。一旦外力干预并有力地改变这种沉默的理解，生物体的原始生存条件和生长规律就会发生变化，其结果可能导致物种减少或生态不平等。

人的设计行为对自然界的干扰有正负之分。尊重自然、顺应自然，遵循生产与生态协调的设计是一种正干扰，这种干扰并不会给自然环境带来危害。相反，如果为了一己之私，沉溺于物欲享受，淡化生态意识，就会对自然产生负干扰。从现代设计的发展看，人们的设计行为对自然鲜有所谓好的影响，更多的是负干扰。因此，从维护生态平衡、促进社会可持续发展的角度来说，将人的行为对自然环境的干扰降至最低程度，尽可能保持原有的生态群落，使自然系统保持有机更新和循环再生的能力，是实现生态补偿的有效方式。例如，天津的“桥园公园”和杭州的“江洋畈生态公园”。在景观规划上，设计师没有采用太多人工干预的手法，而是因地制宜、因势利导地利用原有的地形和植被，让各种野花、野草在园内自由生长，人为的设计只是搭建了一些伸向水面的木制平台或隐藏在野草之中的曲折的栈道。这种对场地干预最小化和让自然做功最大化的设计，实质上就是一种生态补偿，不仅体现了对自然的尊重，表现了让自然优先的思想，同时降低了对资源、能源的消耗，促进了城市艺术的可持续发展。

### 2. 探索多层次技术体系的协同发展

工业文明最大的特征是科技高度发达。科学和技术结合在一起，赋予了人类巨大的力量。然而，从对生态产生的众多影响看，科技力量已经失控。超级建筑无疑是当前影响城市可持续发展的诸多因素之一。在当代科技力量的支撑下，人们竭力地挑战着建筑的极限。城市中的楼越建越高、越建越豪华，形态也越来越复杂，尤其是各种地标性建筑，如上海环球金融中心，中央电视台总部大楼以及各地的文化中心、艺术中心等。这些风光无限的超级建筑的确令人折服，也让人叹为观止，但这风光的背后，付出的却是沉重的资源和能源代价。

当然，借助科技力量追求建筑的标新立异在提升城市艺术魅力、提升城市关注度、激发市民热情方面具有积极作用，但追求标新立异不应成为当代城市建设的趋势或潮流。否则，科技力量不仅会增加城市整体能耗、降低城市可持续发展的潜力，而且有可能将城市建设推向病态的深渊。为了创造具有可持续发展能力且符合生态要求的城市艺术，我们就需要在发展高技术的同时探索其他技术，以减少高技术可能对城市发展造成的负面影响。

中技术和低技术是相对当代高科技“主动式技术”而言的一种“被动式或半被动式技术”。它是强调通过巧借自然之力最大限度地减少能源消耗的一种设计方式。例如，在没有主动式人工调节室内微环境技术之前，中国传统建筑因势利导地借助自然通风、采光等方式调节建筑内部的温度与光线，从而营造一种舒适的微环境。这种借助自然的方式经过创造性地转化之后，运用到现代建筑之中，可以通过控制建筑物开窗的大小、高度和位置获得合理的风量以及光通量，减少建筑对空调和人工照明等设备的依赖，这样至少可以节约 20% 的建筑总能耗。因此，在生态文明时代，积极探索中、低技术作为对高技术的有益补充，对于促进生态设计的实现以及城市的可持续发展有重要意义。

#### 3. 建立系统生态设计观

当前，生态设计往往被当作一种修补性行为，即忽略设计活动在生产建设过程中可能对环境造成的破坏和影响，只在最后环节考虑生态性。这种污染末端控制或先污染再治理的方法实质上是一种亡羊补牢式的纵向控制。对于严峻的生态环境问题而言，修补性的行为对环境的调节作用可谓杯水车薪。众所周知，完整的城市艺术设计是一个由设计、制作、使用、废弃物回收、再利用等环节共同构成的系统整体。这个系统犹如一套结构缜密、组织有序的链条，任何一环的脱节都有可能导致整个系统的崩溃。因此，要实现城市艺术设计的生态性，就必须树立一种系统的观念，即将组成城市艺术的所有环节都纳入整个系统之中，并以横向协作代替纵向控制的方式，通过综合施策、系统建设，使城市艺术设计从起始环节就注重符合“生态”的原则。

## 二、城市艺术设计的特征

### （一）复合性

此理论认为建筑以及城市不是由一种单一要素构成的，而是由许多不同性质的要素共同构成的，是一个具有复杂结构和矛盾形态的复合体。复杂性跟多元、多样挂钩，它是多样的，同时又是多元的。多元主要是指存在于城市空间的各种要素，城市和建筑都必须有丰富的内涵。然而，多样性的统一并不意味着简单的堆叠罗列或各种构成要素的任意放置。相反，它组织、整合和处理各种功能和形式的元素，并最终体现独立的城市艺术实体，这也适用于城市艺术的起源和发展。城市艺术通常是多种功能的复合体。例如，西方古典建筑的柱式、中国传统建筑的斗拱和雀替既是功能性构件又是装饰性构件。另外，从城市艺术的使用习惯看，人们也更希望城市艺术是功能与形式的结合，如室外的直接饮水池，既是一个饮水机，又是一件精美的艺术品，在满足人们生理需求的同时愉悦了精神。因此，具有不同使用功能的复合性城市艺术品应该得到推广和普及，既可以创造城市最有趣的元素，又使人们能够共享最多样化的城市空间。

城市艺术复合性及多样性可以增强城市的美感，同时为城市的居民提供了多种选择的空间。在灵活多变的范围内，其满足了不同人群的需求，提高了城市效率。

此外，城市艺术的复合性不仅表现在功能、形式的组合上，而且体现在使用功能与装饰性、科学性与艺术性、环保性与生态性、历史性与文化性的复合上，这种多样化的统一也是未来城市空间艺术设计的一个大趋势。

### （二）文化性

文化是一个国家或一座城市的历史、传统、风俗、生活状态与价值观等非物质因素在漫长的历史演进中的沉积以及城市空间形态、建筑风格、景观环境和艺术品的凝聚与烙印。文化并非短暂的虚浮之物，而是在岁月的跌宕起伏中形成的延绵不绝的文脉符号，是一个国家和城市灵魂及精神的体现。独特的文化已经成为一个国家或城市获得永续发展的力量源泉。

然而，在强大的模糊国际化背景下，“城市文化”仍然被人们毁坏。全球化涉及传统和文化的非直接影响，这导致了城市和特征形象趋同。不过，在一个全球化的时代，土著文化想要保持独特性，的确是需要下一番功夫的。文化价值观、风俗如果全部照搬其他民族，民族就会失去自己的特色，更不可能产生文化特性。因此，在当今的世界中，建设具有传统文化活力的城市环境，已经成为当今世界城市必须承担的责任和使命。

历史文化在城市艺术设计中的表现是多方面的，在城市的建筑、景观、雕塑、公共设施上都可以体现。

文化是一个隐藏的元素，深深地隐藏在由不同的古典建筑、雕塑、绘画、民间工艺品和各种文物组成的体系中。因此，城市艺术设计有必要体现这些传统以更好地传承文化。

城市艺术的精神内涵源于传统文化，因此探索当代城市艺术设计的未来发展不应忽视历史，而要深入研究历史，以历史和文化为灵感来源在历史上建立未来。在全球化进程中，我们必须构建具有地方特色的城市艺术风格，并争取国际话语权。我们需要采用先进的国外技术，建立对传统文化的信任，凭借自强不息的精神和传统文化的精髓增进了解，使传统文化和建筑城市的精华能有机地融入设计的现代理念，以创造结合了传统和现代文化的城市艺术。

城市艺术精神从传统文化的意义出发探索当代城市艺术设计的未来发展，我们不能忽视历史，而要从历史、文化中寻找灵感。因此，构建城市地方特色的艺术风格以及提高国际地位，需要我们在吸收国外先进技术创建全球优秀文化的同时，建立传统文化的信心、力量和精神，吸收传统文化的精髓。

## （三）美观性

阿拉伯谚语说："如果你在歌颂美，即使在沙漠的中心也会有听众。"[①]这句话充分表达了美是人类的一种生命现象，歌颂并追求美是人类的天性。从生物学意义上说，人需要美正如人的饮食需要钙。鸟语花香、景色宜人的环境使人心情舒缓；空气污染、声音嘈杂的恶劣环境则容易使人产生极端情绪。城市中的美是一种需要，人不可能在长期的生活中没有美。环境的秩序和美犹如新鲜空气，对人的健康同样重要。美是人的心理需求，追求美也是人与生俱来的天性，艺术的审美需求在每个民族文化、每个时代里都会出现，这种现象可以追溯到原始时期。在原始时期，人类在潜意识里开始了美化行为，并在居住环境、生活用品以及身体装饰等方面体现出来，因此人们生活的器物也产生了艺术化的倾向。

由于缺乏美和艺术的参与，城市成为一架供人居住的机器，冰冷的玻璃幕墙、缺乏人情味的方盒子使世界各地的城市如同流水线上生产出来的工业产品，"千城一面"，毫无特色。城市环境设计不只意味着满足基本的功能要求，而且需要抽象形式和具象形式的艺术处理。艺术介入城市空间可以在很大程度上提升空间的观赏性和趣味性，改变工业化以来形成的城市单调、乏味的面貌，美化城市环境，形成特色、提升记忆、丰富内涵。城市是科学、人文与艺术的综合体。

## （四）适宜性

城市艺术设计既要体现适用性原则，又要考虑整体城市空间的环境，要能够体现城市艺术的价值和品质。城市艺术设计的适宜性体现在两个方面：一是尺度的适宜性；二是地域的适宜性。

### 1. 尺度的适宜性

城市艺术设计作为体现城市魅力和活力的构成元素，合理性、功能性及易感性成为最为重要的三个要素。其中，功能性是最重要的。首先，城市艺术设计必须满足这一要求，或具有实用功能，或具有欣赏功能，或二者兼具，这也就是通常所说的城市艺术的功能性。其次，城市艺术要具有能够改变城市冰冷、严肃面貌的能力，使城市平易近人。再次，城市艺术设计必须具有合理性，即在城市艺术的设置中，人的使用需求及行为习惯和对艺术的感知方式都成了所必须满足的条件。

城市艺术的适宜性主要体现在三个方面：距离与尺度的适宜性；速度与尺度的适宜性；空间与尺度的适宜性。

① 李小卫.阿拉伯谚语与阿拉伯伊斯兰文化[J].阿拉伯研究论丛.2015，（1）：228-244.

（1）距离与尺度的适宜性

人与艺术品的距离、艺术品的大小、尺度以及位置直接影响人对城市环境的感知。人类学家爱德华•T. 霍尔（Stuart A.Young）详细分析了人的感知方式与体验外部世界的尺度。他提出，视觉作为一种距离型的感受器官，对外部环境信息的接受受主客体之间距离的制约。他认为为 100 m 是清晰感知周围环境的最远距离，超出这个距离，人对环境的记忆与感知就会变得模糊。30 ～ 35 m 是感知大型物体的有效距离，20 m 以内其他感知器官的补充就可以帮助视觉感知器官清楚地感知客体的细节[①]。另外。霍尔还进一步指出以下观点。

0 ～ 0.45 m 为亲密距离，这种距离表达了温柔、爱抚、舒适等强烈情绪。

0.45 ～ 1.30 m 为个人距离，这种距离一般为家庭成员及亲密朋友之间谈话的尺度。

1.30 ～ 3.75 m 为社会距离，这种距离一般为邻居、朋友、同事、熟人等日常谈话的尺度（咖啡桌与扶手椅组成的休息空间便体现了这种社会距离）。

大于 3.75 m 为公众距离，这种距离一般是演讲、单向交流或者人们只旁观而不参与的比较拘谨的公共场合的尺度。

这样的距离与强度，即密切和热烈程度之间的关系直接影响人们对城市艺术的接受。在尺度适中的城市和建筑群中，窄窄的街道、小巧的空间使人们在咫尺之间便可以深切地体味城市和建筑细部以及公共艺术与公共设施的造型、质感、肌理所散发的美感。反之，那些存在于巨大的广场、宽广的街道中的城市艺术的细节则容易被人忽略。

（2）速度与尺度的适宜性

人对城市艺术的感知除了与主体和客体的距离相关，还与主体的运动速度有关。人的感觉器官比较习惯于感受和处理步行和跑步速度在 5 ～ 15 km/h 所获得的细节和印象。如果运动速度增加，观察细节和处理有意义信息的可能性就大大降低。例如，当公路上发生交通事故时，其他驾驶员会将车速降到 8 km/h 左右，以便看清发生了什么。这一理论对于城市艺术设计具有重要的借鉴意义，从某种意义上也可以看作城市艺术设计的准则。

在具体设计上，首先要明确城市艺术元素在城市中的位置，是主干道两侧还是步行道两侧。城市艺术因素的位置不同，其尺度和规模也完全不同。城市主干道宽阔且行车车速较快，无法观赏细节，因此为使人看清城市的雕塑、标志物、广告牌或相关标识，就需要将它们的造型、色彩进行夸张化，使其变得更醒目；或者减少细部设计，降低视觉干扰，突出整体性。因此，位于主干道两旁的建筑装饰或艺术品不需要过多关注细节，而是将精力放在形态和色彩的推敲上。步行道上的人们由于行进速度较慢，有闲暇的时间欣赏和领略城市或建筑的细部，所以位于步行道两侧的建筑、公共艺术和公共设施需要以人的尺度为基准，精雕细琢、仔细推敲，以最大限度地满足人们的审美需求。

（3）空间与尺度的适宜性

人作为一种环境型的动物，无时无刻不在接收着来自周围环境的各种信息。这些信息对人的情感而言可能是积极的，也可能是消极的。适宜的空间尺度会让人感觉轻松愉快，反之就会让人感到紧张、压抑。从城市艺术发展的历史看，中世纪的街道狭窄、悠长，让人感到压抑；文艺复兴时期人本主义复兴，城市街道的宽度与建筑的高度相等，空间尺度

① 韩子仲.感知与交流 ——现代艺术之后的艺术[J].同济大学学报（社会科学版）.2020，（4）：57-64.

宜人，既无压抑感，亦无疏远感；巴洛克时代的城市皇权至上，为了体现帝王的威仪，街道非常宽阔，行走在其中的人有一种远离感。

例如，广场中的雕塑或公共艺术品的尺度必须综合考虑广场的面积。如果广场面积太大，位于其中的雕塑，尤其是主体雕塑不能太小，否则就会被广场中的其他景观湮没，人无法感觉到它的存在；如果广场面积较小，则雕塑不宜太大，太大则会使人产生压抑感和紧迫感。另外，公共艺术品的设置还要考虑周围建筑物的高度。位于高层、超高层建筑前的艺术品不宜太小，适宜的高度为建筑物高度的 1/（8 ～ 10）（当然，这不是绝对的，还要视艺术品与建筑物的距离而定，离建筑物越近，艺术品则可越高，反之，越低），使艺术品成为人与建筑之间的缓冲，从而弱化建筑对人的心理压迫感。低层建筑前的艺术品不宜过大，适宜的尺度为人的高度，否则可能使人产生阻碍感或压制感。

2. 城市艺术与地域的关系

城市艺术与地域的关系要求城市艺术设计体现出国家的精神和地域文化特征。这个关系的灵魂来源于古罗马，受到泛神论思想的影响。古罗马人相信所有独立的团体，包括人和地方，都有他们的团体和他们的生活。特定场景是艺术城市的有机组成部分，而城市必须是这个故事的承载者，让人们在与城市艺术互动的过程中，观察城市的历史和文化，理解城市的精神内涵。

地理文化是一个地区在长期历史发展中沉淀下来的一种生命观念和生命立场。这是一个地区的环境、习俗、传统、文化和历史的复合体，是城市的灵魂。每个城市或地区有不同的历史文化、民俗风情和变迁历程，因此会形成独具特色的城市进化过程，这个特性是具体的、独特的、区域性的。

作为历史和空间地缘政治范畴的城市形式，城市艺术受到特定的文化环境和地域环境的影响。文化和领土的特点已成为限制城市艺术形式的主要因素。因此，国家精神和地缘政治文化所体现的独特性决定了城市艺术的独特性，却也限制了该市的艺术发展。城市艺术蕴含着地域文化，体现着国家的灵魂，不能脱离本国特定环境的边界和赖以生存和延续的文化氛围。如果城市艺术与“诞生和幸福”的文化根源和地理环境分开，将无法传达它所在国家的精神、文化和价值取向。缺乏与文化和地理环境的联系，城市会变成一个没有灵魂的艺术体。

因此，城市艺术是一种具体的、历史的、特殊的艺术形式，不具有普适性。然而，在艺术设计的探索方面，很多城市置自己的地域特征、历史文化于不顾，盲目地照搬其他地区城市艺术建设方式，如西部缺水地区建设大面积的喷泉广场、北部高寒地区移植热带名木。由于“水土不服”，喷泉广场建成不久就废置了，高价购买的热带植物很快就枯死了，另外也有一些地区直接将其他国家或地区的艺术品挪过来，造就了许多“山寨”城市艺术。那些花费巨资通过“乾坤大挪移”手法建设的城市艺术“仿品”因尺度、环境的改变而未能发挥艺术功效，饱受诟病。这种对地域文化漠视的建设行为，造成了人力、物力的浪费，是一种不可持续的城市艺术建设模式。总之，一座城市要构建自己的艺术特色就必须根植于特定的场所特征和地域文化，切不可盲从、跟风。

# 第三节 当代城市艺术设计的理论与方法

## 一、当代城市艺术设计与城市建设

城市艺术设计是一个涉及城市众多方面的综合设计体系，与城市规划、城市设计以及环境设计等城市建设概念存在相互交织、错综复杂的联系。

### （一）城市规划

城市规划是为了实现社会经济发展的目标，对城市的用地和建设所做的安排。它是合理调控城市发展的方法和手段，是塑造和改善城市环境而进行的一种社会活动、一项政府职能、一项专门技术和科学。城市规划方案一经确定，即成为城市建设和管理的依据。城市规划的任务主要包括以下两个方面的内容。

（1）根据社会经济发展目标以及城市历史和自然环境确定城市的性质和规模，充分组织城市生活、工作、休闲和交通功能，并做出合理的选择。各种土地合理安排并相互合作，创造良好的生产和生活发展环境。

（2）根据各项法规及经过批准的规划，对城市的用地和建设进行管理，以保证城市建设和城市发展有秩序地进行。

城市规划的历史非常久远，最早可以追溯到城市发展的初期。例如，我国《诗经》《考工记》《管子》和《吴越春秋》中记载的周代各诸侯国的王城、隋朝宇文恺设计的大兴城（唐代的长安城）、元代刘秉忠规划的大都（北京城）、古罗马的维特鲁威和文艺复兴时期的阿尔伯蒂、帕拉第奥、斯卡莫其设想的“理性城市”等都是早期人们对城市规划进行的探索。

### （二）城市设计

城市设计是在当代城市规划和建筑学基础上发展而来的一种城市建设理论。它是指人们为提升城市环境品质和塑造城市的场所感、地域感而进行的城市外部空间和建筑环境的设计与组织。城市设计是城市物理环境的设计。一般是指，在总体城市规划的指导下，对最新开发区建设项目进行的详细规划和具体设计。城市设计的任务是为不同的人的活动创造一定空间形态的物理环境，包括各种建筑、公共设施、景观等，要能全面地反映经济、社会、城市功能甚至审美方面的要求，所以也被称为综合环境设计。

与基于空间规划在二维平面城市规划不同，城市设计主要是针对城市空间和城市审美要求的三维图像，但不限于城市市貌，也有功能和社会的需求、人的心理和生理要求等。城市设计的内容包括土地上的安排及其使用强度，地形的处理，建筑群体的空间布局，空间界面的处理，人流、车流的组织，绿地、旷地的使用和布置，城市建筑的文化脉络以及有关创造优美空间环境的因素等。

## （三）环境设计

与城市艺术设计关系最密切的是环境设计。环境设计是指与人居环境相关的一切规划、设计行为，有广义和狭义之分。广义的概念范畴宏大、包罗万象，从一座城市、区域到整个地球的所有环境，都在环境设计之列。狭义的环境设计特指围绕室内外等与人的生活相关的环境规划设计，包括室内装饰、外檐美化、景观设计、小品设施等。环境设计是一种爱管闲事的艺术，无所不包的艺术。大的层面上涉及人居环境的整体系统规划，小的层面上则涉及人们生活与工作的各种不同场所的营造。城市设计、城市规划、城市艺术设计、环境艺术设计都是当代城市建设中不可或缺的，它们之间既有区别，又有联系。

1. 区别

（1）设计维度上的区别

从设计维度上看，城市规划是偏重于以土地区域为媒介的二维平面规划。城市设计要在三维的城市空间坐标中解决各种关系并建立新的立体形态系统，而城市艺术设计则是一种继承性、连续性和时限性的四维时空艺术活动。城市艺术设计不像城市规划与城市设计那样可在短时间内完成或建成，而是一个长期积累、缓慢积淀的过程。一方面，各个时期的艺术形式并存于同一城市空间，通过这些艺术即可追溯城市的历史、展望城市的未来。另一方面，城市艺术设计借助立体绿化等形式又可为城市居民营造一种“一年有四季，春夏各不同”以及“人在景中站，景随人心转”的随时随地而变的城市环境。

（2）空间规模上的区别

城市规划侧重于城市宏观层面的总体构想与规划。城市设计是介于城市规划和城市艺术设计之间的城市中观层面环境的设计和建造，是一种承上启下的设计。城市艺术设计则侧重于城市微观层面的景观营建，是城市细部设计和软环境设计，在这一方面与环境设计具有共同之处。

（3）空间关系上的区别

同城市设计和城市艺术设计相比，城市规划处理的空间范围是最大的，不仅要解决城市的分区问题，还涉及城市的整体构成、城市与周边其他都市以及乡村的关系，即一个都市群的关系。因此，城市规划是一项包括除城市空间之外的政治、经济、文化相互关联的整体性设计。城市设计基本只着眼于城市的部分设计，侧重于建筑、交通、公共空间、城市绿化、文物保护等城市子系统的交叉与渗透，从这一点看，城市设计更像是一种整合性系统设计。城市艺术设计作为城市的细部设计，有效地补充和完善了城市规划和城市设计，涵盖了城市规划与城市设计没有关注的空间领域，如公共艺术、环境设施、道路铺装、建筑立面形态等。这些设计又不能脱离城市规划和城市设计，必须在纵向与横向方面取得与城市规划、城市设计以及建筑设计的协作，才能保障城市艺术设计与城市总体环境的协调性、一致性。可以说，城市艺术设计是一项系统性的细节设计。

（4）空间形态上的区别

从空间形态方面看，城市规划和城市设计与城市艺术设计的关系是相对而言的。城市规划与城市设计从城市空间形态角度上看属于城市外部空间设计，如对建筑高度、密度的控制，城市的天际线以及街道的宽度与建筑物的关系等。与城市规划和城市设计相比，城市艺术设计偏重城市内部的艺术细节营造，所以在空间形态上当属城市内部空间设计。但是，同狭义的环境设计相比，城市艺术设计又属于外部空间设计。

（5）视觉形象上的区别

城市规划的重点在于解决城市的用地、规模、布局、功能、密度、容积率等问题，在视觉形态上倾向于抽象性和数据性。城市设计关注的是城市功能、城市面貌，尤其是城市公共空间的形态，因此城市设计与城市规划相比具有具体性与图形性的特征。视觉秩序作为城市艺术设计的媒介，以艺术介入为理念，并结合人的感知经验、精神诉求以及城市历史、城市文化等，建立了一种具有艺术性、场所性和识别性的空间环境。

2. 联系

（1）城市艺术设计是城市规划和城市设计的发展延续

城市规划、城市设计与城市艺术设计的有机结合对一个城市的建设具有举足轻重的作用，是营建优雅、宜人的城市生活环境的基础。从城市规划到城市设计再到城市艺术设计是城市建设从宏观向微观、从抽象到具象、从参数到图形、从外延到内涵的转变。就这一点而言，城市规划、城市设计与城市艺术设计是一脉相承的。

（2）城市艺术设计是城市规划和城市设计的深化

城市规划与城市设计可以看作按不同目的和原则进行的空间组织，力求实现不同空间之间的和谐发展。从这一方面来说，城市规划和城市设计侧重于物质形态空间的建设。城市艺术设计作为城市规划和城市设计的延续，在关注城市空间功能、结构、性质的基础上将重点从物质空间转向非物质空间，通过空间组织的有序性、可视性、参与性以及借助色彩、比例、韵律等艺术手段营造具有丰富文化内涵和空间美学的生活环境。因此，从某种程度上来说，城市艺术设计是城市规划和城市设计的深化。

（3）城市艺术设计是城市的细部设计

城市发展的历史告诉我们，只有整体设计而没有细部设计的城市是不能培养人们的积极性或自豪感的。这不仅包括建筑、道路、桥梁和广场的公众，还应具有脆弱、敏感、实质性、实用性、敏感性和可用性的细节。只有整体与细部相互协调发展的城市才能为公民带来安全、健康和福祉。

通过对城市艺术设计、城市规划设计、城市设计以及环境设计等诸多概念的阐释、对比可知，这些概念之间就如同一张网，彼此存在相互交织、错综复杂的关系。城市的建设是一项综合性、系统性工程，并不是依靠某一个行业或学科可以完成的。“尺有所短，寸有所长”，各个学科只有通力合作、协调发展、相互完善才能构建和谐宜居的城市。

## 二、当代城市艺术设计与城市规划

### （一）城市艺术设计与城市总体规划

城市总体规划是一个战略性规划，城市艺术设计应与总体规划层面进行衔接。一是融入城市总体规划，成为城市总体规划的一部分，这有利于提高城市总体规划的质量和完整性，体现城市艺术设计的战略意义与价值。二是可以促进城市艺术设计的发展，使城市艺术设计有了规划内容的支撑。

#### 1. 城市总体规划的作用与特点

城市总体规划是全市所有开发建设的综合计划，是城市规划工作的首要阶段，也是城市管理和城市建设的重要依据。

城市总体规划是时代性在城市一段时期内的体现，具有典型意义，从以下方面可以体现：建设和执法措施、发展目标、全面部署、空间布局、土地利用。城市总体规划不仅是城市规划体系中的一项高层次规划，还是一项综合性的城市规划，体现了政治和法律性质。

城市总体规划是根据自然环境和社会发展制定的规划，还根据资源、历史条件和现状等统筹安置决定城市发展的规模和方向，以期合理地利用城市土地、协调城市的空间布局规划，实现城市经济社会的发展，并且要在规定的时间内完成。

城市总体规划是按照长期国家城市发展和建设政策以及各方面规划，基于区域规划，加上经济技术政策、经济社会发展，根据其建设条件和当前城市特点，合理开发城市，确定城市规模和建设标准，城市土地功能分区安排以及建筑物的总体布局，交通系统布局，城市道路和选定的固定目标，发展规划，实施步骤，措施，等等。

整个城市规划时间大概为 20 年，建设规划一般为 5 年。可以说，建设规划是总体规划的组成部分，是实施总体规划的阶段性规划。

#### 2. 城市总体规划与相关规划的关系

（1）城市总体规划与区域规划的关系

区域规划与城市规划之间的关系非常密切，这些都是基于定向目标和长期发展目标的特定区域发展的全面部署。但是，二者在地理区域以及规划内容的重点和深度方面存在差异。

区域规划是整体城市规划的重要基础。城市总是连接到某一特定区域的相关区域，而指定区域要匹配相应的城市中心区域。

城市规划应着眼于区域经济发展的总体规划。若非如此，那么城市就难以了解发展的基本方向、性质、规模和外观等。

区域规划应与总体规划相互配合、协同进行，从区域的角度确定产业布局、基础设施和人口布局等总体框架。

（2）总体规划与经济和社会发展规划的关系

我国国民经济和社会发展规划是国家和地方从宏观层面指导和调控社会经济发展的综合性规划。

国民经济和社会发展规划是城市总体规划的依据，是编制和调整总体规划的指导性文件，注重城市中长期宏观目标和政策的研究与制定；总体规划强调规划期内的空间部署。总而言之，两者相辅相成，共同指导城市发展。

（3）城市总体规划和城市艺术规划之间的关系

城市总体规划是根据国家可持续社会经济发展的要求，在特定区域内开发、利用、治理和保护城市空间，包括时间和空间的一般性安排以及自然和社会条件。城市艺术规划是国家城市文化艺术资源管理与控制的基础。城市艺术设计规划是城市发展中的重要内容，可以提升城市环境品质与价值，增强城市吸引力，创造城市高附加值，提升城市“软实力”，增强城市文化认同感，为创造持续的文化吸引力和活力奠定基础。

3. 城市规划的战略性意义

城市是一个开放的复杂的大系统，总体规划工作的开展必须研究城市和区域发展的背景以及城市的社会、经济发展，以城市全面发展为目标，对一定时期内城市发展的城市性质、城市规模和城市空间结构进行分析与预测，并提出相应的引导调控策略和手段。

制定某一时期城市发展的目标并确定实现目标的途径是城市发展战略的核心，包括确定战略目标、战略重点、战略措施等。

（1）确定战略规划目标

战略目标是发展战略的核心，是城市发展战略和城市规划的应选方向和预期指标。战略目标可分为多个领域，包含总体目标与多个领域的目标，一般用定性的描述明确城市发展方向和总体目标。值得注意的是，城市艺术设计应包含在各个领域中，但目前相关法律仍然缺位。

战略目标的实施需要对发展方向提出具体发展指标的定量规定。这些指标包括：经济发展指标，如经济总量、效益和结构指标等；社会发展指标，如人口总量和构成指标，城市居民的物质生活与精神生活的水平指标等；城市的建设目标，如城市建设、基础设施、结构、环境质量指标等。

城市发展战略目标的确定需要把握核心问题、判断宏观趋势，既要针对现实中的发展问题，也要以目标为导向。因此，开展城市发展战略研究是保证城市发展战略目标科学合理的前提。

（2）战略规划重点的确定

战略规划重点是指，为了达到战略目标，必须明确城市发展中具有全局性或关键性意义问题的战略重点。城市发展的战略重点所涉及的是影响城市长期发展和事关全局的关键部门和地区的问题，通常体现在以下几个方面。

一是关于城市竞争中的优势领域。将优势作为战略重点，不断提升核心竞争优势，争取主动，不断创新和发展。

二是城市发展中的基础性建设。科技、能源、教育和交通经常被列为城市发展的重点，是推动社会经济发展的根本动力。

三是城市发展中的薄弱或缺失环节。不同系统共同组成了城市这一整体，如果其中某一个系统或者环节出现了缺位或者短板，最终整个战略的实施也将受到影响，所以要将城市发展中的薄弱或缺失环节作为战略重点。城市艺术设计专项规划就处于缺位或薄弱状态。

四是城市空间结构和拓展方向。城市空间增长的过程反映了社会经济发展的需求，城市的发展方向、空间布局结构以及时序关系都会随着不同阶段城市发展需求的改变而改变。

（3）确定战略规划措施

战略规划措施是实现战略目标的步骤和途径，是把比较抽象的战略目标、重点具体化，使之可操作的过程。

城市发展战略的制定既必须在宏观上具有前瞻性、针对性和综合性，也必须在微观上具备可操作性。

## （二）城市艺术设计与分区规划

《中国大百科全书·建筑、园林、城市规划卷》对分区规划作出解释："要求将城市中各种物质要素，如工厂、仓库、住宅等进行分区布置，组成一个互相联系、布局合理的有机整体，为城市的各项活动创造良好的环境和条件。它是城市总体规划的一种重要方法。"①

分区规划的概念不是凭空出现的，也不是单独形成的，而是依附于城市总体规划这个主体，进而对一些方面提出要求，如城市整体基础设施配置、局部公共设施配置、人口分布、土地利用等。

分区规划的编制要在城市总体规划完成之后进行，并且应该彼此兼顾，不能只顾一个分区而忽视其他分区。首先确定各分区的界线，要在总规划内将城市的道路、河流、街道、区位优势等自然和行政因素考虑在内。

分区规划编制任务应基于总体规划编制任务，然后进行一系列更深的、更具体的规划，包含城市基础设施、公共设施、人口分布、城市土地利用等。

分区规划的指标主要涉及四个方面：用地容量、建筑、居住人口布局、土地性质。

### 1. 用地容量

主要对范围作了规定，涉及用地面积、用地位置、公共设施分布。

① 黄鸿森.集建筑学知识之大成——介绍《中国大百科全书》的《建筑、园林、城市规划》卷[J].中国图书评论.1989，（3）：107-110.

2. 居住人口分布

对一些具体事物的规定，如交通标线、停车位、辅路，等等。

3. 建筑

对用地界线、控制范围、位置等，具体针对对象有停车场、广场、交叉口，用地界线方面针对对象主要有风景名胜、交通设施、供电高压线、河湖水面、绿地系统等。

4. 土地性质

主要针对一些位置和具体范围，如工程设施、干管管径、干管走向、位置等。

## （三）城市艺术设计与控制性详细规划

城市艺术设计是通过控制性详细规划实现相关目标的，控制性详细规划具有承上启下的作用，将总体规划转化为更加具体的指标体系和内容。

城市详细规划是根据城市总体规划对城市近期建设的工厂、住宅、交通设施、市政工程等做出具体布置的规划。

1. 控制性详细规划

控制性详细规划依据的标准是分区规划或城市总规划。控制性详细规划对以下几方面进行了规定：使用强度、空间环境、工程管线位置、道路位置、土地强度、土地性质等。

依据《城市规划编制办法》，根据城市规划深化和管理的需要，一般应当编制控制性详细规划，包括控制建设用地性质、使用强度和空间环境，作为城市规划管理的依据，并指导修建性详细规划的编制。

政府的一些活动是在控制性详细规划的基础上进行的，如实施规划、管理规划等。这些工作完成后再进行更深一步的工作，那就是详细规划编制。

2. 控制性详细规划的编制要求

编制控制性详细规划需要多方位考量，使城市地下空间得到充分利用，因此编制过程非常严格，需要综合分析各方面因素，具体包括土地权属、公共安全、历史文化遗产、环境状况、资源条件等。编制的规范需要在严格的标准上执行。比如，依据严格的技术规范，遵守国家标准，不能忽略已获批准的城市总体规划。

具体来说，控制性详细规划的标准应该包含控制线、规模、范围、指标等。在控制线方面，分别用黄线、绿线、紫线、蓝线等对各个区域进行区分并控制。蓝线代表地表水体，紫线代表历史建筑及历史文化街区，绿线代表绿地，黄线代表基础设施。在规模、范围方面，对公共安全设施、公共服务设施、基础设施等提出了具体要求。在指标方面，主要对绿地率、建筑密度、建筑高度、容积率等提了要求。

编制控制性详细规划可以结合城市空间布局、规划管理要求，划分编制单元规划，提出具体规划控制要求和指标。组织编制机关应当制订编制工作计划，分批、分期地编制控制性详细规划。

### （四）城市艺术设计与修建性详细规划

城市艺术设计与修建性详细规划以控制性详细规划为基础规划未来的建设项目。对于需要进行开发建设的地区，应遵循我国《城市规划编制办法》所列规定，制定详细的修建计划书以对后期各种设施设计和工程建设进行指导。

控制性详细规划与修建性详细规划的区别在于控制性详细规划是指标体系，一般通过指标和不同色块调控待开发土地的建设，是一种具有弹性的未确定方向的指导性设计规划文件。修建性详细规划则是在控制性详细规划的基础上，用以指导确定性的现场施工建设，涉及现场施工中的多项工作，包括建筑物各方向上的平面造型设计、各种道路基础设施的规划、环境绿化设计等。

详细的修建规划是计划管理部门根据详细的控制计划的要求在审核总体计划后确定的。详细的修建规划必须根据详细的控制计划中的规定进行功能分区、土地属性和指标划分等。

### （五）城市设计

城市设计是指以城市为研究对象，介于城市规划、景观建筑与建筑设计之间的一种设计。

相对城市规划的控制性、指标性和概念化内容，城市设计具有图形化和具体性的设计特征。城市设计的作用是为建筑设计和景观设计提供指导和架构，但城市设计与建筑设计或者环境景观设计有着明显的区别。城市设计是一种介于城市规划设计与建筑设计之间的设计，侧重于城市公共空间的体型环境的创造。

城市设计是联系城市总体规划、关注城市功能、研究城市风貌，尤其是关注城市公共空间的一门综合性学科。

城市设计通过对物质空间及环境景观的设计，创造满足人们物质与精神同等价值的目标与要求的环境，促进城市环境品质的提升与发展。

早期城市设计研究范畴局限于建筑和城市环境之间，到了 20 世纪中期开始出现了新的变化。除了同城市规划、建筑学、景观建筑等学科有着密切的关系外，城市设计开始与城市史、城市工程学、环境心理学、城市经济学、城市社会学、公共管理、人类学、政治经济学、社会组织理论、市政学、可持续发展等学科建立联系。可以说，城市设计是一门综合性跨领域的学科，但城市设计理论与实践主要关注的仍然是城市公共空间领域的设计内容。

1. 城市设计与城市规划的关系

城市规划更多地体现城市宏观性、全局性和整体性，涉及政治、经济、社会等综合发展政策和方向的要求。城市设计侧重于城市规划中的某一部分或单元，即城市规划中的公共或开放空间领域设计。这些空间领域需要进一步进行空间、体型、尺度、色彩甚至造型的系统设计，属于城市中观与微观层面的设计，因此与人的心理、行为关联更密切、更直接。

2. 城市设计与控制性详细规划的关系

城市设计主要在城市三维空间中进行空间形态系统设计，而控制性详细规划则偏重于以土地区域为载体的二维平面规划。

城市设计侧重城市中各种空间功能关系的组合，是一种综合系统设计，需要做到建筑、开放空间、绿化体系、交通、历史保护等城市各要素之间的相互交叉和融合。它关注的是城市视觉秩序、城市艺术设计、城市地域历史和文化、时代精神、城市意象与识别以及公共环境交往等问题。

控制性详细规划的重点问题是建筑的高度、密度、容积率等技术指标，表现为“见物不见人”的设计成果。城市设计侧重于设计要素的控制，调整与人心理、行为的关系，重视人的心理、行为感受以及个性化需求。

## 三、当代城市艺术设计的基本方法

### （一）视觉秩序分析

视觉秩序分析法的应用历史悠久，备受推崇，尤其是对于受过美学教育并且喜爱艺术品城市的建筑师。

西方的一些城市艺术设计对视觉秩序分析法的应用可追溯至文艺复兴时期，当时的建筑商和城市设计师对这种视觉秩序的推崇已经成为他们的潜在意识和力量之源。

一个城市的整体计划应遵循令人兴奋和情感化的艺术原则。城市设计师和规划师可以完全自主决定城市环境中的建筑物，如广场和公共道路等，这些公共建筑之间的视觉关系必须是“民主的”和互补的。视觉秩序分析法影响了整整一代城市设计师的创作设计，在现代城市的规划设计中留下了不可磨灭的印记。

视觉秩序分析法主要基于少数政治家、建筑师或规划者，同时受到某些特权阶层的影响，是政治变革情形下的产物、某些政体寻求物质表达的媒介。

总体而言，关注城市空间和体验的艺术品质是视觉秩序分析法重要的优点。但是，它也有着明显的缺点。视觉秩序分析法过于关注视觉艺术与物理秩序之间的单一视角，却将城市空间结构的丰富内涵隐藏了起来，尤其是把社会、历史、文化等其他方面因素忽略掉了。因此，在现代这种方法通常与其他分析方法结合应用。

### （二）图形—背景分析

如果我们将建筑作为一个涵盖开放城市空间的实体进行研究，把建筑物视为图形，将空间当作背景，那么我们可以看到每个城市的物理环境在格式塔心理学的“图表和背景”之间有着类似的关系。这种分析城市空间结构的方法我们称之为“图底分析法”。它来源于18世纪的诺利地图，又被称为实—空分析法。“图底分析法”是一种经典的理论分析法，也是当代城市设计方法研究的热点之一。

从城市设计的角度看，这种方法试图通过增加、降低或改变模型的几何形状协调各种城市空间结构之间的关系，目的是创建层次分明的空间层次。这些层次单独封闭，并且以不同的规模彼此链接，并阐明特定城市或区域内的城市空间结构。“图底分析法”能够非常高效并且清晰地展现出一个城市的空间结构组织，进而形成城市空间结构组织及建筑秩序的二维平面图，这样城市在建设时的形态意图就能被清楚地描绘出来。

“图形分析”理论说明，当占主导地位的城市形态呈纵向而非横向时，连贯的整体外部城市空间几乎不可能形成。在城市土地区域内，垂直延伸的竖向构件的设计和构造容易造成众多不适合使用和具有娱乐属性的开放性区域空间。比如，在很多现代住宅小区中，由于高层民居的存在，采光时长要求相邻建筑物相距较远，因此在空间上难以实现整体的连续性。与“诺利地图”相比，这种“空”的印象主要存在于主体的建筑物上，而相互关联的邻域模型不再存在。要弥补这一缺陷并重新获得外层的空间结构秩序，首先要把街道空间区域和周边建筑结合为一体，设计一些人性化的外部空间。

设计完善的外部空间更方便的方式是借鉴该城市历史上的建筑形态精华，使建筑覆盖率大于外部空间覆盖率，从而形成“合理的密集”。回到建筑空间本质分析，空间是由建筑形体组成的，这是在现今旧城区以及步行街改造中被证明可行的有效原则之一。

空间是城市体验的中介，构成了公共、半公共和私有领域共存和过渡的序列。空间和空间的界线搭建了城市不同的空间结构体系，决定了不同空间结构的秩序和视觉定位。在城市中，“空”的本质依赖建筑实体的配置，同时在大多数城市的独特环境中，空间和实体的确定取决于公共空间的设计。“图底分析”也能够清楚地反映城市空间格局中形成的“结构”和结构组织的重叠。

### （三）关联耦合分析

关联耦合分析最终的目标是搭建城市要素之间相互联系的“线”。运用这种分析方法能够较为清晰地组织相关联的系统和网络进行城市空间结构的创建，但其重点是循环模式，而不是空间格局。城市的运动系统与基础设施在管理外部空间结构方面起着主要作用。在规划城市空间时，以通过基础的主线将建筑物与空间连接起来的耦合分析法应用为主，为项目设计提供空间参照标准。该参照标准可以是一个条形基底，也可以是一条明确的流向，抑或是有组织的轴线，甚至是建筑物的边缘。若某处空间环境必须改变、增加或减少，标准就要发挥它的指导性作用，从而显示一个持续不断的关联耦合体系。这种标准犹如五线谱，各种音符在此中有着无限的组合形式，但五线谱是一种恒常的基线，可以为作曲家提供编曲的基准。空间形态可分为三种类型，分别是构图形态、巨硕形态、群组形态。

构图形态是指在二维平面图中抽象模型组合的独立建筑物。它们的耦合关联性是隐含的和静态的，建筑物形态与相对位置之间的交错组合形成了张力，在众多的现代主义风格城市布局规划中普遍存在。在此形态中，建筑本体比周边的开放空间更重要。巨硕形态的个体要素通过分层利用物质手段将耦合关联性与开放和互联的系统网络最终汇合到一起。例如，高速公路网常常成为形态发生器。群组形态是由各空间要素沿着线性枢纽逐渐发展的结果，此种情况在历史悠久的城市尤其是在小城镇中甚为普遍。这种耦合关联性并不是被隐含或强加的，而是有机物质自然演化的结果。例如，浙江绍兴的斗门、安昌等都是此类代表作，其空间是从内部获得的，乡野空间构成了限定社区场所的外部条件，聚落结构取决于内部要素和外部基地之间的必需的转换。可以看出，耦合关联性可以被用作常规建筑和空间设计的主导思想，并且作为公共空间的组成部分被系统性重构。

# 第二章　建筑的平面、剖面与造型设计实践

建筑的设计是一项综合性的艺术，设计建筑要求有一定的专业知识，同时还要具备其他的知识，以便于综合起来设计建筑的细节部位，让建筑变得更加完善。本章在这里重点讲述的是对建筑的平面设计、剖面设计以及建筑的造型与装饰设计，展示建筑设计的魅力。

## 第一节　建筑的平面设计方法

### 一、平面设计的内容

建筑平面设主要有两个方面的内容：单个房间平面设计和平面组合设计。

如果从组成平面的各部分使用性质来看，平面可以分成使用部分与交通联系部分两个方面。所谓的使用部分主要是指建筑物内的使用房间以及辅助房间；所谓的交通联系部分主要是指建筑物内的各个房间之间、建筑的楼层间以及室内和室外间的空间联系。

单个房间的设计主要是在基于整体建筑合理且适用这一基础，从而去确定建筑内房间的面积、形状、尺寸及门窗大小与位置等。

平面组合设计是按照建筑要求的不同功能，区分使用房间、辅助房间、交通部分之间的联系，再把建筑基地的环境和其他各种条件相结合，运用不同的建筑组合方法把各个房间按照一定的规律合理地组合起来。

根据上述的概念和性质，我们知道建筑应遵循下面的一系列原则：

（1）建筑要做到和周围的环境之间相互协调一致，在布置上要紧凑、节约用地和能源。

（2）建筑的设计要与其使用性质与特点相结合，最大限度地满足建筑的使用需求。

（3）保证建筑的功能分区合理，合理地组织布局交通，让人流、货流的交通十分便捷、顺畅，避免路程的交叉、迂回，同时还要有良好的疏散与防火条件。

（4）要注意室内的卫生细节，处理好建筑物在采光、通风、朝向等方面的设置。

（5）平面的布置要保证建筑的结构相对合理、便于施工，所采用的建筑方案与材料

也要符合质量标准，除此之外还要具备良好的经济效益。

(6) 建筑的内外空间要能够协调，建筑的比例与形象也要满足使用要求和人们的审美需求。一座建筑的平面组成主要分成两部分：使用部分与交通联系部分。而使用部分则是建筑的主要使用房间与辅助房间。

一栋建筑的最核心部分主要为使用房间，由于建筑物的使用要求不同，所以就形成了类型各异的建筑，如住宅中的起居室、卧室；教学楼中的教室。

辅助房间的设立主要是为满足一栋建筑的主要使用功能，是一栋建筑的次要部分，如在公共建筑中设立的厕所、贮藏室等，再如住宅性建筑中所设立的厨房、卫生间等房间。

建筑内的交通联系部分主要是指在建筑中起到联系各房间、楼层间以及室内和室外之间的空间部分，如建筑中的走道、楼梯间、电梯间等组成部分。

## 二、主要使用房间的设计

主要使用房间是各种建筑物的最主要部分，能够提供人们的生活、工作、娱乐、生产等。

第一，生活用房：包括起居室、卧室，集体性质的宿舍、公寓等。

第二，工作学习用房：主要包括教学楼中的教室、实验室等。

第三，公共活动房：主要包括影剧院中的观众厅、休息厅等。

不同的建筑有不同的使用功能，所以其主要使用房间的要求也相应地有所不同，在设计房间的组合时要考虑到各个房间的使用功能这一基本因素，即要求房间要有适宜的尺度，足够的面积，恰当的形状。建筑还要具有良好的朝向、采光以及通风条件等。

### （一）房间的使用面积

#### 1. 房间的使用面积

房间的使用面积能够分成三个组成部分：家具与设备所占面积；人活动所需面积；房间内部交通所需面积。

#### 2. 影响房间面积的因素

不同的房间拥有不同的使用功能，影响房间面积的因素也比较多，但是概括起来共有下列几个主要的方面。

(1) 房间的使用特点及其要求。

(2) 房间所容纳的人数多少。

(3) 房间内的家具、设备数量及布置的方式。

(4) 室内的交通组织及其活动需求。

（5）房间的采光、通风需求。

## （二）房间的平面形状

民用的建筑房间形状比较常见的是矩形、方形，但是也有多边形、圆形等形状。房间的平面形状设计，要综合考虑到房间的使用性质、结构形式和布置、空间的效果、建筑的体形以及建筑的环境等多个方面的因素。在大量的民用建筑设计中，如住宅、旅馆等，其主要使用房间通常都没有特殊的要求，数量上较多但是用途相对要单一，房间的形状往往采用的是矩形设计。这种形状的设计比较简单，对家具与设备的摆放也相对方便，有较大的灵活性；有利于平面及空间的组合；对建筑的结构布置十分有利，施工也很方便。

在一些民用建筑中，如影剧院观众厅、体育馆比赛大厅等，因为所用的空间尺度相对较大，所以其平面形状要最大限度地满足建筑的使用功能、视听要求以及室内的空间效果，通常的平面形状会有矩形、钟形、扇形、六角形、圆形等。

在一些小型的公共建筑中，结合空间所处的环境特点、建筑的功能要求与建筑的艺术效果，会将房间的平面设计成非矩形的平面。

## （三）房间的平面尺寸

房间尺寸主要是指一个房间的开间与进深的尺寸，然而，一个房间往往是由一个或多个开间共同组成的。在同样面积的情况下，一个房间的平面尺寸大小或许会有多种多样，所以，想要确定一个合适的房间尺寸，要从下面几个方面来进行综合的考虑。

### 1. 满足家具、设备、人的不同需求

一个卧室的平面尺寸，要充分考虑到床的大小、家具之间的相互关系，最大限度地提高床位的布置灵活性；而医院的病房布置，就需要满足病床摆放的要求和医护活动的需求。

### 2. 满足视听需求

还有一些要求相对高的房间如教室、会堂、观众厅等，它们的平面尺度不但要满足一些必要的家具设备布置和人的活动需求，还要保证具有良好的视听条件。如教室，如要确定比较合适的房间尺寸就要按照水平视角、视距、垂直视角等方面的要求来排列座位，保证前排的两侧座位不要太偏，后排的座位不会太远。

### 3. 天然采光条件良好

在民用建筑中，除了极少数有特殊要求的房间不需要布置良好的天然采光（如演播室、观众厅等），其他的都需要具备良好的天然采光条件。

一个房间窗的上口到地面的距离叫采光高度，通常一个房间的进深需要受到采光高度的限制。如果是在单侧采光时，房间的进深要小于采光高度的 2 倍；如果是双侧采光设计，那么房间的进深可以增大一倍；如果是混合采光时，那么此时的房间进深不限制。采光的方式对房间进深会产生一定的影响。

4. 结构布置需经济合理

通常民用建筑往往会采用墙体承重的梁板式结构或框架结构。房间的开间、进深等都要最大限度地保证梁板构件满足经济跨度的需求，如梁板式结构比较经济的开间尺寸是低于 4200mm，而钢筋混凝土梁比较经济的跨度则是低于 9000mm。

5. 建筑模数需协调统一

为了能够提高建筑的工业化水平，要求房间的开间与进深尺寸采用统一的模数作为协调建筑尺寸的基本标准。按照现行的《建筑模数协调统一标准》规定，房间的开间与进深通常要采用水平扩大模数 3M 模数制，与之相应的尺寸应该是 300mm 的倍数，如宿舍、旅馆等小房间的建筑断间尺寸往往是取用 3300mm×3600mm 等。

## （四）房间的门窗设计

门的主要作用是为人们出入提供方便的，同时还有联系与分隔空间，兼有采光与通风的重要作用；而窗的主要作用为通风和采光。

1. 门的设计

对于一个门的设置，需要考虑的是门的宽度、数量，门的位置布局以及开关的方向。门的宽度与数量主要是由房间具备的用途、大小，人的流量、疏散以及家具搬运等众多的因素来决定的。如果主要使用房间的门是单扇的时候，门的宽度往往是 900 ～ 1000mm；如果门是双扇的时候，宽度往往是 1200 ～ 1800mm。

门的位置布置通常要满足下列条件：防止人行走过程中相互碰撞以及妨碍他人通行；便于家具的安排；在基于交通顺畅的前提下要尽量地缩短室内活动路线。此外，主要使用房间门的开启通常有内开与外开两种方式，通常情况下外开主要是为了防止太多占用室内的空间。而相对人流量较大的地方如剧院、体育馆、营业厅等，通常采用的是外开的方式。

2. 窗的设计

在所有的建筑中，窗的最基本的作用是采光、通风、丰富建筑的立面等。对于一个窗的大小与位置的确定，需要综合考虑室内的采光、通风等众多方面的内容。窗的洞口大小需要按照房间的使用要求、房间的面积和当地的日照状况去综合考虑，而窗的位置首要满足的是有效的室内自然通风条件。

房间的通风原则主要是组织穿堂风、避免出现通风死角，往往会把门和窗统一进行考虑。

## 三、辅助使用房间的设计

### （一）卫生间设计

#### 1. 卫生间所需设备及数量

在卫生间中，通常会设置一些大便器、小便器、大便槽、洗手盆等。大便器主要有两种形式：蹲式、坐式。这两种可以根据习惯选择性地布置，通常是在公共空间布置蹲式，在住宅或宾馆中多用坐式。

小便器有小便斗和小便槽。一般采用的是小便槽，通常在标准稍高的空间内才会使用小便斗。

对于一个合格的卫生间来说，其所需要的设备多少主要取决于设备的使用人数、使用的对象、使用的要求等方面。在一些人流量比较大、人流相对集中的地方，卫生使用设备就要多一些。通常情况下，普通的民用建筑中所用的卫生设备就相应地少一些。

#### 2. 卫生间的空间布置

卫生间的布置需要考虑到下面的原则。

第一，在平面中的布置位置要十分恰当，不但要布置在隐蔽的地方，同时还要和走道、过厅等联系方便。

第二，如果是公共建筑，其卫生间的占地面积通常较大，人流量也比较多，所以要充分考虑它的良好自然采光与通风条件。

第三，卫生间还要设置前室，这样才对卫生间隐蔽比较有利，并且还能够改善卫生条件。

第四，卫生间的前室设置深度一般要大于 1.5 ～ 2.0m。

第五，如果卫生间的面积过小，无法布置前室的话，要考虑门开启的方向，确保蹲位和小便器位于隐蔽的位置上。

第六，在公用卫生间里还要有无障碍设计，以利于残障人士使用。

### （二）厨房设计

对于厨房的设计要重点考虑设计的合理性与实用性，不但要着眼于现在的布局，还要考虑未来厨房的发展空间。

对厨房的设计通常要有操作台、厨柜、灶具等其他的电器设备。设计时要依据厨房的实际尺寸进行布置，对于厨房面积较小的可以只放一些必要的厨具，反之，对于空间尺寸大的厨房则可按照居室的风格对厨具、电器进行合理的布置。

通常情况下，厨房布局主要有I形、L形、T形、U形、岛形等，不管采取何种形式的布局，都要遵守厨房的工作“三角原理”，即取物、清洗、烹调的走动流畅。

对厨房的设计要满足下面的要求。

第一，厨房要紧靠在外墙来进行布置，主要是为了采光与通风。

第二，对厨房的墙面、地面也要考虑防水上的设计，以便清洁。

第三，充分利用厨房的有效空间，最大限度地布置足够的储藏设备，如壁龛、吊柜等。

第四，厨房的室内设计也要符合操作的流程，设计的形状主要以I形、L形、U形最宜。

## 四、交通联系部分的设计

### （一）走道的设计

走道也叫过道、走廊。走道的主要作用是将同层中的各个房间联系在一起，有时也兼有其他的功能。根据走道的性质能够把走道分成三种类型。

#### 1. 单一功能的走道

这种走道完全是为了交通联系而设计的，通常不可以安排其他的功能，如办公楼、电影院、体育馆等的疏散走道，都是为了让人流作集散用的。

#### 2. 双重功能的走道

这种走道的主要作用是交通联系，但是也会兼有其他功能，如教学楼走道，除了作为学生的课间活动场所之外，还可设计一些陈列橱窗或宣传栏；医院的门诊部走道也具备双重功能，供人流通行以及候诊。

#### 3. 综合功能的走道

这种走道是将多种功能综合起来使用的走道，如展览馆的走道，可以让观众边走边看。这种走道的宽度与长度都要按照人流的通行、安全疏散、防火规范等众多的因素来全方位考虑。

### （二）楼梯的设计

楼梯为多层建筑内十分常用的设施，也是一栋建筑中重要的疏散通道。

楼梯的设计原则是：要按照使用的要求进行选择，楼梯要布置在恰当的位置，还要确定相对合适的宽度、数量以及比较舒适的坡度。

楼梯主要有三种最常见的形式：直跑式楼梯、平行双跑楼梯、三跑楼梯。其中，各种楼梯也有自身的优点。直跑楼梯具有方向单一，引导性强，构造简单的特征。平行双跑楼梯具有占地面积少，线路十分便捷的优点，在当前的民用建筑中最常见。三跑楼梯的优点是空间灵活，造型十分美观，但是该楼梯的梯井较大，多在公共建筑的门厅以及过厅中有布置。除此之外，还有很多楼梯的形式。

### （三）电梯的设计

在一些标准相对较高的多层建筑和高层建筑中，往往会设计电梯来做垂直的交通设施。根据电梯的性质可以分成乘客电梯、载货电梯、客货两用电梯及杂物梯等。

在设计电梯时要考虑下列要求，以便于能够明确地确定电梯间的位置和布置方式。

第一，电梯间通常布置于人流相对集中的场所，如在门厅、出入口等处。

第二，按照防火的规范来设计，在设置电梯时还要考虑到设置辅助楼梯，以便发生危险时能够快速安全地疏散人员。

第三，由于电梯的等候厅处人流十分地集中，所以要最大限度地采用天然采光和自然通风。

通常情况下，电梯的布置可以分成单面布置与双面布置等形式。

### （四）门厅设计

门厅主要有两种布局形式：对称式与非对称式。通常情况下，对称式布局往往采用的是轴线的方法来表示空间的方向感，把楼梯的位置布置在主轴线上或对称地布置在主轴线的两边，这种布局有一种十分严肃的气氛；非对称式的门厅布置相对比较灵活，室内的空间也比较富有变化。

## 五、平面组合设计

### （一）功能分区要合理

一个合理的功能分区主要根据房间的使用功能，把一些性质相同、联系比较密切的空间做邻近的设计或组合在一起，同时把一些有干扰的房间做适当的分隔，以此来达到分区的明确性。其中主要包括三个方面的内容：主次关系合理、内外关系合理、联系与分隔。

#### 1. 主次关系

在进行平面组合时要确保主次空间的合理。通常是让主要使用房间有一个较好的朝向，采光通风条件也相对要好；次要房间则布置在较差一点的朝向。

2. 内外关系

在各种类型的建筑所组成的房间里，有的需要对外进行密切的联系；有的需要对内进行密切的联系。这种情况通常是把对外联系房间布局在较明显的地方，相反地，对内联系性强的房间就分布在十分隐蔽的地方了。

3. 联系与分隔

按照房间不同的使用性质如“闹”和“静”“洁”和“污”等特性，可以把房间进行分隔，从而避免互相干扰，同时还要有适当的联系。

### （二）流线组织要明确

在民用建筑中存在的流线类型主要有两种：人流与货流。明确的流线组织，就是为了确保各种流线组织能够十分地简捷通畅，不出现迂回、逆行的形式，避免各个流线之间相互干扰与交叉。

### （三）建筑平面的组合方式

1. 套间式组合

这种组合方式也叫串连式组合，是在各个房间之间进行直接串通的一种组合形式。套间式的最大特点是房间之间的联系最便捷，将交通联系面积与房间使用面积之间进行很好的结合。一般来说如果房间的连续性很强的话，不需要将使用房间单独分隔，这种设计方式最常见的地方是展览馆、车站、浴室等。

2. 大厅式组合

这是一种有较大空间时所形成的组合形式。这种组合的方式通常是以一个大厅为主，其面积通常比较大，活动的人数也很多，并且还具有一定程度的视听特点。

3. 混合式组合

这种组合方式是对上述两种方法的组合，按照建筑的需要，在其某一个局部上面采取一种组合的方式，而在建筑的整体上以另一种组合方式为主。

# 第二节　建筑的剖面设计

## 一、剖面设计的概述

### （一）剖面术语

所谓的建筑剖面图就是指用一个假想的剖切平面把房屋沿着竖向进行剖开，移走观察者和剖切面之间的部分，做出剩下部分的房屋的正投影图，所得到的这个图形就叫作剖面图。

在施工的过程中，剖面图能够作为分层、砌筑内墙、铺设楼板以及屋面板、门窗的安装和内部的装修等方面的工作依据，是和平面、立面图之间进行相互配合的一种不可或缺的关键图样之一。

建筑剖面图表达了人们对建筑空间的内部联系之间的理解，并且十分清晰地表达出了它们之间的联系方式，这种表达是立面图不能达到的效果。

### （二）剖面图的基本知识

#### 1. 图示内容

在学习剖面图的过程中，一定要熟练掌握剖面图的作图方法，并要准确地理解与识读各种各样的剖面图，提高识读工程图的能力。

一张剖面图有下列内容。

（1）表示主要内、外承重墙、柱、梁的轴线及轴线编号。

（2）表示主要结构和建筑构造部件，如门窗、阳台、雨篷、散水、排水沟、台阶、坡道等剖切到或可见的内容。

（3）标出标高与尺寸。

（4）表示楼地面各层的构造。通常是采用引出线来标明楼地面、屋顶。

（5）表明图纸的名称和比例大小。剖面图所示的比例要和平面图、立面图的比例相一致。

#### 2. 图的识读

（1）从剖面图的图名来了解剖面图的剖切处和编号。在底层的平面图里能够发现相对应编号的剖切符号，据此就能够分析出来这个剖面图剖切建筑物的平面位置，以此能够进一步了解到这个剖面图和平面图之间的对应关系，剖面图的高度应和立面图之间保持一致。

(2) 从被剖切到的墙体、楼板与屋顶的形式等方面去进一步分析房屋所形成的结构。

(3) 仔细阅读并了解房屋各部位的竖向尺寸标注。

(4) 深入了解楼梯的形式与构造。能够了解到的楼梯形式信息是平行的双跑楼梯，在每一层都有 20 个楼梯踏步等。除此之外，我们还可以发现该楼梯是钢筋混凝土结构类型。

## 二、剖面的设计技术

建筑的剖面设计是基于其平面设计的基础来设计的，剖面关系不同也会影响平面的设置，由此可见，建筑的设计过程是一个相互统一的过程。建筑的剖面设计最主要的是为了确定建筑的垂直方向上的组合关系。

建筑的单体剖面设计主要有三个基本的内容：单个房间的剖面、建筑各部分高度确定与层数确定、建筑空间的剖面组合。

### （一）单一房间的剖面设计

#### 1. 房间的剖面形状

这种剖面形状主要有两种：矩形与非矩形。在一般的民用建筑设计中，功能要求不是很高的房间，它们的剖面形状大多是矩形。而对于那些在功能方面如视线、音质等有特殊要求的房间，要按照其使用的不同功能来选择剖面形状。

#### 2. 房间的功能要求

（1）视线设计

需要考虑视线问题的房间主要为影剧院观众厅、体育馆比赛大厅、教学楼阶梯教室等。这是因为想要保证视线的质量，让人所处的位置到观看的对象中间无遮挡物，如阶梯教室。让室内的地坪根据一定的坡度升起，就能保证视线逐级提高。另外，还可以采取错位排列的方式让前后排的观看无障碍。

（2）音质设计

现实中，对音质有特殊要求的房间一般都是剧院、会堂等大型的建筑内，这类建筑对音质的要求通常都很高，在对房间的剖面形状加以确定时，音质主要受到顶棚处理的影响。

为了确保室内的声场得到均匀的分布，避免让声音产生聚焦或回声，要按照声学的设计对顶棚进行确定。顶棚的形状设计要能够保证室内的各部分都可以获得有效的反射声音。

通常情况下，凸面能够扩散声音，声场分布也相对比较均匀，凹曲面与拱顶的设计能够聚焦声音，声场的分布也不够均匀，所以在设计的时候要根据情况来设置。

（3）采光与通风设计

通常情况下，如果房间的进深不大的话，侧窗就能满足室内的采光、通风要求，剖面的形式通常也十分单一，大多是以矩形为主。但是如果房间的进深比较大的话，侧窗不能满足卫生要求，那么就要布置各式天窗了，而这也就形成了各种各样形式不同的剖面。

如在多数的餐饮建筑中，因为厨房在操作中散发大量的热气、油烟等，所以要在其顶部布置排气窗等，这就会形成其独特的造型。

### 3. 结构、施工方面的要求

矩形房间的剖面，一方面可以满足房间的普通功能；另一方面还具有结构简单、施工方便、节省空间等诸多优点，所以常常能够被采用。但是在一些有较大跨度的建筑设计方面，因为受到房屋结构的形式制约，常常形成具有特定结构的剖面形状。

### 4. 室内空间艺术要求

为了能够获得房间内良好的空间艺术效果，对一些装修标准要求较高的房间可以与顶棚、地面之间相结合来做处理，让房间的剖面更富变化。

### 5. 净高与层高的设计

房间净高指的是楼地面到结构层底面或吊顶下表面的垂直高度。层高指的是该层楼地面到上一层楼面之间的垂直距离。

（1）人体活动和家具要求

房间净高和人体的活动尺度之间存在较大的关系，为了能够保证人体的正常活动，通常情况下会将室内的最小净高设计为人在举手时接触不到顶棚。由此可知，房间的净高应该不能够低于 2200mm。

对于用途不同的房间其净高也会有所不同。这就需要根据具体的情况来设置了，如小学教室、中学教室等设计要求是不一样的。

房间的净高还要考虑房间内家具的高度，同时还要伴随人在使用家具的空间大小设计。

（2）结构高度及其布置方式

对于层高的确定，要充分考虑到结构构件、通风、空调、消防、吊顶等诸多的因素，还要考虑到这些设备所占空间的高度，以便满足房间的净高要求。

（3）建筑经济

建筑造价的一个重要影响因素是层高。实践证明，一些普通的砖混结构建筑的层高每降低 100mm，其建筑的费用就下降 1%。所以，在满足卫生等条件的前提下，可以适当地降低建筑物的层高，减轻建筑物的自重，改善建筑的受力情况，降低成本。

（4）空间比例调节

对于空间比例的处理，需要房间的高度保持不变，借助各种手法去获得较好的空间比例效果。

首先，可以通过窗户的不同造型去调节比例。细而长的窗户造型，能够让人产生房间高一些的感觉，对于那些宽而扁的窗户，则会给人一种稍低的感觉。

其次，采用对比手法，把次要的房间顶棚稍微降低，以此来突出主要空间的高大。如北京火车站的中央大厅设计，就是采用上述方法来衬托空间的。

#### 6. 窗台高差设计

对于窗台的高度设计来说，其和窗台的使用要求、人体的尺度等诸多方面之间存在密切的关系。窗台的高度要满足家具、设备的设置，最主要的是要满足安全因素。通常，普通的民用建筑窗台高度往往在 900 ～ 1000mm，这样的设计既有安全感，视野开阔，还对家具的布置十分方便。

相应的，对于有特定要求的房间如厕所、浴室等的窗台应不低于 1800mm。还有一些公共性建筑，如餐厅、休息厅等，可以把窗台的高度降低一些，还可以采用落地窗设计。如果在临空的窗台高度是不大于 800mm 时，就要采取相应的防护措施。

### （二）单体建筑剖面设计

#### 1. 室内外高差设计

对于室内外的地面高差设计来说，最主要的是为了避免雨水倒流入室，同时还要防止墙身受潮。通常，普通的民用建筑在一层的房间要这样设置，室内的地面要比室外的地面至少高出 150mm，同时还要结合周外的建筑位置等地形环境，合理确定室内外的高差，让其在内外联系上方便的同时也利于室外的排水，以及最大限度地减少土石方量。

#### 2. 屋顶的剖面设计

（1）屋顶的作用

屋顶的位置在建筑物的最上层，其主要作用是覆盖、保护室内的物件免受风吹日晒。同时它也是一座建筑物的最上层的水平受力构件。屋顶作为外围护构件而言，极大地抵御了自然界中的风霜雪雨、太阳辐射、气候变化等不利的外界因素。作为承重的主要构件，屋顶的主要作用是分散建筑物顶部的荷载并把这些荷载传递到下方的构件上，还对房屋的上层建筑起到水平的支撑作用。

（2）屋顶的类型

现实生活中有很多的屋顶类型，大概能够分成平屋顶、坡屋顶以及其他的形式。

①平屋顶

平屋顶一般都是指一些屋面的坡度不超过 3% 的屋顶，最常用的坡度都在 2% ～ 3%。

平屋顶按照屋面不同的排水方式可以分成其他多种的样式。

②坡屋顶

坡屋顶在我国传统建筑中比较常用，其有众多的种类，屋面的坡度按照材料的不同可为 10% ～ 50%，由于坡面组织有所不同，所以坡屋顶的主要形式可以分为单坡、双坡和四坡等多种形式。

③其他类型的屋顶

随着当前建筑技术和科学技术的不断进步，在房屋建筑中出现了很多新型的屋顶设计，如拱屋顶、薄壳屋顶、悬索屋顶等多种多样的形式。这些建筑的屋顶都具有十分独特的形式，让建筑物在造型上变得更为丰富。

（3）屋顶剖面设计

对于屋顶的剖面设计来说，其主要满足三个基本的设计原则。

首先，屋顶所要设计的形式和建筑物所要求的功能之间存在直接的联系。

其次，满足建筑物造型的需要。一栋建筑物选择的是平屋顶形式还是坡屋顶的形式，都会对建筑外观产生直接的影响。不同的建筑屋顶还存在有不同的设计风格，能够让人产生不同的感觉。建筑的形式常常不是建筑功能的简单反映，所以，人们应站在多种角度对建筑的形式加以创造，尤其是在艺术与审美方面。

最后，建筑的屋顶坡度要符合《民用建筑设计通则》中的相关规定。在相同的环境条件下，如果屋面的坡度较大的话，那么其屋脊的突出也就越高，屋面的排水也就会越顺畅，屋顶的面积也就变得越大，对建筑的室内空间利用率程度也就越高，但是这种设计的施工难度也会随之加大，造价也会相应地提高；反之，如果建筑的坡度越小，那么屋顶的面积也就越小，排水的速度也就变得越缓。

## 第三节 建筑的造型与装饰设计

### 一、建筑的造型设计

#### （一）建筑造型设计概述

建筑的艺术主要表现在建筑的群体、单体、建筑的内部、外部之间的空间有机组合、造型的设计和细部的材质、色彩等各个方面的完美表现，符合一定的美学规律，优美的建筑艺术外在形象可以给人们一种精神方面的享受。建筑艺术的美感最主要的是体现在其外在形象方面，即建筑是否美观。因为各个地区的民族文化、风土人情等存在较大的差异，所以就产生了不同的建筑艺术风格与特色。还有很多的建筑物其实已经在形式上形成了固定的风格，如执法机构的建筑通常都呈现一种庄严沉稳的风格；学校的建筑风格多为朴素大方。同时，要知道建筑物是一种使用时间较长的物体，所以在设计时要考虑到和周围的景观相融合，突出当地的时代特征、地方特色、文化色彩等，如北京的四合院与欧洲的城堡建筑，就充分地体现了时代和人文特色。

建筑的形象设计需要考虑一些基本的美学原则，如比例、尺度、对比等。

## （二）建筑造型设计规律

### 1. 比例

所有的造型艺术均有一定的关系，那么建筑设计也不例外。建筑的比例是指建筑在大小、高矮、厚薄等方面的比较关系。建筑的各部分间及各部分本身都存在一定比例的关系。从通常的理解来看，黄金分割比例是最符合人们的审美眼光的。建筑的比例还与它的功能、技术条件、审美观点等之间有着直接的关联，极难用一组统一的数字去判定某个建筑。西方的古典建筑所使用的石柱与中国古建筑中所使用的木柱都符合材料的比例关系，所以都很美观。

### 2. 尺度

通常意义上来讲，只要与人有一定关系的物品均存在尺度方面的关系。而建筑与人有直接的关系，所以它也是有尺度的。建筑和人体间的大小关系以及与建筑的各部分间的大小关系，也同样能够形成一种大小感，这就是建筑的尺度。

但是所要说的是，建筑物体量较大，我们很难用自身的大小去和建筑做比较；同时，建筑也和日用品不同，它的很多要素并不能够单纯地依靠功能去决定。但是，建筑中的很多构件有其相对固定的尺寸，如门扇通常为 2 ～ 2.5m 高，由此，人们能够利用这类基本的构件去判断一座建筑的尺度大小。

### 3. 对比

对比是指建筑的各要素之间的显著差异；而微差就是指不显著的差异。就建筑的形式美而言，这两者其实均是不可缺少的因素。采用对比的方法能够借彼此间的烘托陪衬出特点来求得变化；微差则不然，微差主要是借建筑相互间的共同性来求得和谐。在建筑方面常采用的是方和圆之间的对比，材料粗糙和细腻之间的对比，方向上的水平与垂直对比等，如人民英雄纪念碑。适当且恰当的对比能够消除建筑物的呆板感，增强建筑的艺术形象。

### 4. 韵律

韵律本来是用在音乐方面的，指的是音乐或诗歌中音调的起伏与节奏，但是在建筑中也常会用到，如由于建筑功能方面的需要，往往会根据一定的规律进行不断地重复，如窗户、阳台等。充分地利用韵律感会让建筑的形象变得更为丰富。

### 5. 均衡和稳定

建筑的均衡指的是一座建筑的前后左右之间的关系，同时也给人一种安定、平衡、完整的感觉。静态均衡常常会设计成对称的形式来获得均衡，但也存在不对称均衡。对称均衡的好处是体现建筑的严肃与庄重，而不对称均衡则能够达到一种十分轻快、活泼的艺术效果。建筑设计时要从立体角度来考虑均衡问题，如朝鲜的标志性建筑——千里马纪念碑，微向前倾。

稳定指的是建筑物在上下间的关系造型上所达到的艺术效果。在古代，人类由于对自然的畏惧，对重力的极端崇拜，就形成了一种上小下大、上虚下实的思想观念，自然而然地就会依据生活的经验去判断一座建筑是否稳定。当今社会，随着新型材料的不断涌现，新的建筑造型也不断地出现，打破了常规，如中国的鸟巢设计，内部是一个庞大的空结构，外面是一层钢结构，体量庞大，但是并没有给人不稳定的感觉。

当代，具有强烈艺术气息的建筑作品数量繁多，它们给人的感觉或庄严或雄伟、或神秘或亲切。而这种感觉反映到建筑的形象上，正是各位建筑师想要表达的情绪。

### 6. 统一和变化

“多样统一”是形式美的规律，有其普遍性与概括性，根据统一和变化之间的关系来对建筑外形进行设计，其最终的目的也是为了能够获得建筑外观的整齐、简洁、完美、丰富。

（1）以简单几何体求统一

在自然界中，任何一种简单的几何形体都有其统一性，如三角体、圆柱体、球体等，因为它们在外形上相对简单、明确，所以也比较容易获得统一。如法国的卢浮宫金字塔，采用的是全玻璃结构搭建，外形是简单的几何体，力求能够达到高度的统一、稳定的建筑艺术效果。

（2）以陪衬求统一

在设计一些复杂体量的建筑时，尤其是在建筑的体形设计过程中，要能够恰当地处理主与从、重点与非重点之间的关系，让建筑可以形成一种清晰的主从分明关系，以此来取得建筑物的完整统一效果。

首先是采用轴线处理来突出建筑物的主体。在一些纪念性的建筑与大型的楼房设计时，往往会运用对称方式，一方面可以突出主要建筑的主体部分；另一方面还可以营造一种肃穆、统一的形象。

其次是运用以低衬高的方式来突出建筑物的主体结构。在设计建筑体的外形时，利用建筑的不同功能来形成一种高低关系，并且还会有意识地去强调建筑的某部分，让它形成一个重点体形，而其他的部分就相应地处于从属的地位了。这种以低衬高的手法也是一种能够达到完整统一效果的措施。

## 二、建筑装饰设计

### （一）建筑装饰设计概念与分类

所谓的建筑装饰设计是指借助一定的物质手段与艺术手段，为了能够满足人们在生产、生活过程中的物质需求与精神需求而对建筑的室内外空间环境进行的创造性加工活动。但是要注意的是，不能将建筑装饰设计和建筑装潢或装修之间简单地画等号。

按照建筑的研究对象不同，能够把建筑装饰设计划分成两部分：室内设计与建筑外部装饰设计。同时，如果按照建筑的类型不同来划分，可以把建筑装饰设计分成很多部分，如居住建筑装饰设计、公共建筑装饰设计等。

由于建筑的类型不同，所要求的建筑装饰设计的定位、性质也会相应地发生变化，产生的侧重点也不同。如展览建筑对文化内涵、艺术氛围等多样化的精神功能要求的设计也会相应地十分突出。即使是具有相同使用功能的空间，也要按照其不同的使用性质来区别对待。

### （二）建筑装饰设计的内容

#### 1. 功能分区和空间组织

在建筑装饰的设计时，按照建筑的不同使用功能、人的行为方式与活动的不同规律等来分析，合理地布置、调整功能分区，并采取一定的技术手段如分隔、渗透、衔接、过渡等，对建筑的空间进行合理的组织，让建筑的功能变得更为合理，交通路线也变得更加流畅，空间的利用率得到大幅度的提高，空间的效果也会进一步地完善。

#### 2. 空间内含物选配

在建筑装饰的设计过程中，按照建筑空间的不同功能、意境以及气氛来创造的需求对家具、陈设或者绿化、小品等一系列的内含物进行选型和配置。在这里，空间的内含物不但包含了室内空间摆放的家具、艺术品、生活用品等众多的物件，还包括摆放在室外的建筑小品、雕塑、绿化等。

#### 3. 物理环境设计

在建筑装饰的设计过程中，对设计对象的空间、光、声、热等环境方面也要做详细的规划设计，要能够根据空间的使用功能要求做规划；并且还要能够充分地考虑到室内的水、电、弱电、通风等各种设施的安装位置，以便能够对其进行合理的布局；并且还要最大限度地改善空间内的通风采光条件，对其隔热、隔声、降噪能力的控制要达到一定的技术水平；还要能够控制室内的环境，如温度、湿度变化，改善室内外的小气候，以便能够达到使用空间的最佳物理环境指标。

4. 界面装饰和环境氛围创造

不管是建筑的室内或室外空间，拥有一个相对适宜的环境氛围是很有必要的。在环境空间设计过程中，通过地面、侧界面、顶棚等建筑的各个界面进行装饰设计，选择合适的材料，采用恰当的构造做法，再结合照明方式所呈现的不同的光影效果，就可以创造出一个具备良好视觉艺术的环境氛围。如西餐厅的室内装饰设计，主要是采用了壁炉、镜面、镶板等装饰材料和装饰纹样，形成一种具有十分鲜明风格的墙面装饰设计，室内的吊灯、壁灯、欧式餐椅以及室内所摆放的餐具、淡雅的色调等，对人们的用餐环境做了进一步的烘托，显示出高贵优雅的用餐环境。

## （三）建筑装饰的设计要素

建筑装饰的设计要素有很多，其中最主要的包括空间、光影、色彩、陈设、技术等一系列的要素，这些要素之间既相对独立，同时也互相联系。

1. 装饰设计的空间要素

建筑装饰设计的主导要素是空间。空间的构成要素主要有点、线、面、体等，它们之间借助一定的界面进行构筑与限定，进而就能够表现出特定的空间形态、尺度、比例以及相互之间的关系。在装饰的设计过程中，通过对室内外空间去组织、调整与再创造，让它的功能能够变得更为完善，使用也就变得更加方便，环境也变得更为适宜。

2. 装饰设计的光影要素

光照主要有两大来源：天然采光与人工照明，这二者之间并不是孤立存在的，其中，人工照明是对天然采光的有效补充。人们可以通过视觉空间的诠释：建筑设计艺术与方法实践来感知外界事物的前提就是有光照条件。与此同时，光照能够带来十分丰富的光影、灯具造型方面的不同变化，也能十分有效地烘托出装饰空间环境的艺术气氛，是现代建筑装饰设计中的重要因素。

3. 装饰设计的色彩要素

色彩在一个空间装饰设计中是最生动、最活跃的艺术因素，它具有很强的视觉冲击力。人们在色彩的作用下能够感受不同的变化而产生相应的生理与心理方面的感知效应，进而就能够形成十分丰富的空间联想、深刻的象征寓意等。然而，色彩所存在的一个最基本的条件是要有光源、物体、人眼等。只有当外界有了光才会产生多样的色彩，同时，色彩还要依附在一定的界面、家具等物体上才可以展示出无尽的变化。

4. 装饰设计的陈设要素

在现代的建筑空间里，陈设品的使用量很大，其内容也十分丰富多样，陈设品也和人的活动有很密切的关系，有时甚至还经常地“亲密”接触，如室内摆放的家具、电器、玩具、艺术品等。陈设品的造型也是一个多变、风格十分突出、装饰性极强的物件，容易引起人们的视觉关注，能够起到烘托环境气氛的作用，同时还可以强化设计的风格。

5. 装饰设计的技术要素

当前，随着科技的快速发展，建筑的装饰材料也在发生日新月异的变化，其构造的方法和施工的工艺也在不断提高，人们在追求采暖、通风、通信、视听等众多的技术方面的同时，也在为改善建筑物内的空间物理环境，创造安全、健康的生活空间提供强大的技术支持，这些因素都成了当前建筑装饰的设计要素之一。

# 第三章　城市建设中的形象设计

## 第一节　城市形象设计概述

### 一、城市形象和城市形象设计

#### （一）城市形象

城市是人类文明活动的载体和产物，表现为物质形式与整体形态环境的相互融合，是一种文化过程和文化形象。城市形象成了一种“文化符号”，这种符号的不断积淀和呈现，最终得到主体的认识和感受。可以说，城市形象是指城市内、外的公众在认识与感受城市的整体印象之后形成的对城市内在的综合实力、外显发展动力及其未来发展前景的相关评价与认可，是城市发展状况的综合反映。城市内、外部公众是认识和评价城市形象的主体。城市的日常活动能够对公众心理产生一定影响，而公众也会对城市的动态行为和静态因素做出自己独特的认识和评价。各种信息在经过无数次的传播、吸收、反馈后，经过公众的意识陈述，最终形成了公众对整个城市的形象认识和评价。

城市形象对公众来说是一个形象再造的过程，也是公众与城市二者进行互动、相互影响的一个过程。这个过程是主体与客体的融合。公众对城市的判断决定了城市的形象，但这种基于城市不同元素而形成的评估又具有一定的客观性。同时，城市的形象在形成后，可以作为城市内部与外部公共行为交流的中介，时时影响城市状态的发展，最终形成完整的周期性循环。

各种要素决定了人们对一个城市形象的认识和判断。构成城市特色的要素通常可以划分为自然要素、社会要素、人工要素三种类型。

自然要素是城市所处的自然地理环境，如山川大河、地理地貌、树木植被、名胜古迹等，这些都是形成城市特色的基本要素。比如，苏州“小桥流水人家”的水乡特色，雾都重庆的山城特色，关中平原的西安古城特色，等等。这些富有特色的城市不论在地理地貌上，还是在建筑及城市特色上都存在显著的差异。在城市建设和发展过程中忽视生态环境是要自食其果的，如西安的地裂缝、京津冀地区的地下水漏斗、比萨斜塔的过度倾斜等。

可见，只有遵循自然、利用自然、表现自然才能将城市建设得富有特色。

所谓社会要素，指的是城市发展理念和战略以及城市管理规章制度，既包括市民的道德标准和语言行为，也囊括了公民的精神面貌和文化素质。人们按照自身的风俗习惯、道德情趣以及行为方式对城市加以创造，并且有意识、无意识地把他们的文化愿景融入物质实体的塑造之中。比如，由于“礼制”的影响，我国古城的布局基本上为方正形；欧洲人信奉的是基督教，教堂是整个古城市的中心，教堂的尖顶体现了城市的名誉高度。为了同现代生活相适应，现代城市具有清晰的分区以及宽广的街道，人们的服饰、民族习俗、方言等有机融合于承载的物质实体中，从而形成富有生机与活力的生活画面。例如，北京的四合院承载着“老北京”的生活方式及和谐亲密的邻里关系；上海的里弄住宅再现了江南都市生活的紧凑与和谐。

人工要素主要指人类活动的集合，是城市特色中最为活跃和具有活力的因素，也是建筑规划者创造性工作的意义所在。人工要素含义广泛，包括人类可以通过视觉感知的各种物理对象，如城市规划、建筑风格、广场、街道、花园、绿地、雕塑、草图、停车标志以及公用电话亭等。在城市建设中，不同建筑的规划布局不尽相同，不同建筑物也形成了不同的城市特征。比如，我国首都北京在整体的城市规划上雄伟庄重，永定门到钟楼距离长达 7.8 公里的中轴线，体现了城市严正的恢宏气势；在天津，沿海河流沿着道路延伸，弯曲街道使人们感觉到道路不间断的变化，给人新鲜和充满活力的印象。在住宅区规划中，单调的一排排兵营似的罗列组合也包含着丰富的社区空间规划，同时布局也能够影响到个体建筑的呈现。例如，天安门广场被周围的建筑物相拥形成众星拱月之势，显得尤为壮观。另外，建筑的体积、高度、颜色和形状也能构成城市的特征。为了使个体建筑物显得与众不同，设计师就要独树一帜、别出心裁地进行设计。如果城市想具有自身的特色，大量建筑在风格、颜色、样式等方面都会存在不同。比如，上海外滩的建筑群是由不同风格的单体建筑排列组合而成，跌宕起伏，浑然一体；青岛城市的主要特色就是由红瓦、绿树、碧海、蓝天来共同体现的；皖南民居的特色主要体现在粉砖、青瓦、马头墙的组合与韵律。个体建筑上虽有不同，但是拥有相统一的格调、风格，具有整体统一的形象特征，虽然在某种意义上进行了一定的重复，但最终会形成其特色。没有任何变化的重复是单调乏味，没有任何联系的变化则是杂乱。城市的树木、花草、园林是人工化的自然，如新疆的钻天杨、南京的梧桐、海口的椰树、大连的草坪等都构成了城市的特色。

人工园林又可被称为大自然的化身。人们对于大自然的欣赏方式不尽相同，从而风格迥异。例如，凡尔赛花园瑰丽奢华、宏伟壮观，强调人造雕塑的创造力；中国古典园林讲究以小见大，突出表达的是自然的意境之美。如果一座城市的雕塑内容较为丰富，便能较好地营造出丰富的城市人文特色。雕塑中景观小品的类型较多，包含灯具、座椅、栏杆、花坛等，除了使用功能外，还可以装饰环境，不仅能够满足公众的使用需求，还可以装点城市，从而提高市民的文化素质与艺术审美水平，为城市精神文明建设做出杰出的贡献。近几年来，城市雕塑的发展在城市建设中引起了广泛的关注，表现形式也种类繁多。例如，具象雕塑由于有具体的形象可以作为唤醒主题或者展示人物的事件，抽象雕塑可以引发联想思维或者激发创作灵感。一些成功的城市雕塑作品已经成了这座城市的标志性建筑，如深圳的拓荒牛、广州的五羊群雕、珠海的珠海渔女等。

综上所述，城市特色的基本要素是自然要素，人工要素则体现了城市建设人员的思维智慧以及辛勤劳动。社会要素作为人工创建的基础，城市形象的营造不仅被约束在传统城市设计的视觉美感与目标形象的简单组合中，在一定程度上能够将其作为城市设计的全部内容，而且要关注城市的艺术美，对城市居民生产生活的使用情况综合考虑，同时应该注意继承、创造城市文化。除了在最大限度上利用城市的自然元素，如水系、植被以及地形等，还需要最大限度地对城市文化的特征性要素进行明确与掌握，尤其是关于城市形象是否受到主体认同的问题。总之，创造城市形象要基于主体和客体间的相互关系，在理解、体验以及应用过程中对主体的感知和反应进行关注。

### （二）城市形象设计

城市形象设计是在城市文化发展意义的“共识”基础上，通过有意识地组织、体验、整合、运作，创新和创造既具个性化又有共性化的城市形象塑造的过程。城市形象设计的基本理论最初源于一定时期城市规划过程中城市发展计划与各项建设的综合部署的研究方面。城市规划是指研究城市的未来发展并管理各项资源以适应其发展的具体方法或过程，并指导安排城市各项工程建设的设计与开发。城市规划学属于综合性学科，牵涉众多学科，如美学、经济学、环境科学、地理学、工程学、社会学以及建筑学等。从公共管理的角度，城市规划是政府城市管理非常重要的组成部分。城市形象设计的学科基础与城市设计密切相关，旨在合理、有效地创造一种良好、有序的生活与活动环境，在充分研究城市社会发展、综合城市历史文脉的基础上，协调城市空间布局，合理配置城市功能，协调好交通和科学安排城市形体等。两者虽然相互覆盖和层叠，并且牵涉领域囊括城市建设系统中的方方面面，但也有其显著的区别。城市设计属于城市规划，为城市规划中的某一空间领域。城市设计是对城市形体环境所进行的设计。一般指在城市总体规划指导下，为近期开发地段的建设项目进行的详细规划和具体设计。城市设计的任务是为人们各种活动创造出具有一定空间形式的物质环境，内容包括各种建筑、市政设施、园林绿化等方面，必须综合体现社会、经济、城市功能、审美等各方面的要求，因此也称综合环境设计。可见，城市设计主要指构建城市物质因素环境形态的综合部署所做的合理的部署安排，着重于城市物质要素与空间的构成组合。而城市形象设计既涵盖了城市有形要素的组合，又囊括了对无形要素的合理规划、引导与协调。城市实体、物质空间是有形要素，而市民行为规范、城市管理行为规范以及城市发展理念是无形要素。换句话说，城市设计是包括城市形象的调研、定位、导入、传播、拓展和管理的完整系统，通过对城市的历史、风情、人文文化等诸多因素“由表及里”的体现，将城市形象的深刻内涵“由表及里”地逐渐显现出来。

当代城市发展需要城市形象设计，而城市形象设计也已经成了城市规划设计的最新课题。即便包含城市形象设计的内容在之前的城市规划中有所体现，如规划城市景观、明确城市性质等，然而作为城市形象的总体设计，仍需要构建相对完整的设计体系，主要包括城市的总体形象、城市的景观形象以及城市的标志形象三个方面。

城市的总体形象，是城市形象的核心和本质，由城市的性质和主要职能决定，最能体现城市的个性。城市总体形象有两方面的内涵：规模形象和产业形象。规模形象的意义不言而喻，有大城市的恢宏和小城镇的精巧。产业形象则以特色最鲜明的产业为代表，而不一定以最大的产业为代表

城市的景观形象，这是城市形象最直接的表现形式。它包括城市的平面布局（鸟瞰构图)、轮廓线（平视构图)、沿街立面的构图和色彩、公园和绿地系统、商业街等，能反映城市特征的各种景观要素。城市的景观形象就是城市形象景观。

城市的标志形象，这是城市形象浓缩的表达形式，是经过抽象化的典型形象。它可以分为直观标志形象和无形标志形象两大类。城市的直观标志形象包括市徽、市旗、市花、市树、市鸟及带有特定城市象征意义的雕塑和建筑。城市的无形标志形象包括城市的名称、美称、市歌以及宣传口号等。

## 二、城市形象设计中相关理论的阐释

在城市形象设计过程中，有目的地塑造城市形象是实践发展的趋势。同时，从理论的高度而言，这也是城市设计理论发展的必然结果。城市形象设计兼顾了建筑学、规划学、地理学、生态学、社会学、传播学、系统学、设计学、人口学、未来学、经济学、管理学、公关学、美学等学科，为城市制定全面、长远的发展目标，以体现城市的个性特色。

### （一）城市形象传播与公众行为

在知识经济时代，每个人都必须接受和处理许多信息。组织行为学认为，如果潜在的投资者、外来人员、旅游人员等社会公众所接收到的关于同一个城市的信息是相互矛盾的，那他们的认识就会有差异甚至是相反的。然而，城市形象设计使行为识别系统要素与视觉识别系统要素共同表达了完整统一的城市理念，社会公众接收到的信息内容也就相应地得到了统一。通过城市形象传播，统一的信息流不间断地对公众产生冲击，信息之间的矛盾将被消除，公众不仅会形成对城市的良好印象，而且会倾向于做出对城市有利的决策。从这个角度来说，城市形象建设的关键在于统一对内对外的传播信息，以促使公众做出有利的反应。

#### 1. 城市形象与信息不对称

信息经济学认为，搜集信息要花费成本，信息不对称是客观存在的。从公众和城市所构成的城市形象信息看，公众处于信息劣势的一方，在收集、加工、处理信息时要付出很大的代价，因此交易成本很高。公众欲到某个城市进行投资或决定到该城市就业，却苦于搜集不到足够的信息，从而无法评价该城市并做出决策。然而，城市形象本身可以被视为一种信息的显示机制，有了它，公众可以不必再去搜集其他信息。城市形象可以起到“品牌信号”的作用，从而帮助公众节约交易成本，做出决策。

#### 2. 城市形象与城市战略

所谓战略，从某种意义上可以理解为一种长期行为。从战略角度看，城市形象战略便是城市形象设计。基于战略学角度而言，差异化的战略即为城市形象战略。城市与城市之间存在竞争关系，如争夺稀缺的资源、争取优惠的政策、争取市场等。公众对城市形象越是认同，就越会做出有利于这个城市的选择。可以说，形象的差异性越大，城市在竞争中拥有的“垄断力量”也就越大，从而城市可以形成“竞争优势”，获取一笔长期、稳定的“超额收益”。

因此，我们可以把塑造城市形象的过程视为一个战略的制定和实施过程。城市形象战略的关键在于培育和创造“差别优势”。按照迈克尔•波特的定义，战略的核心就是营造差别优势。城市特定的资源禀赋条件以及地理环境能够作为其本源，或者特有的产业结构、历史文化资源、经济实力以及人文资源等也能够作为其本源。例如，泰安市背靠泰山，杭州拥有西湖，张家界拥有森林公园，这些自然资源的优势是别的城市无法获得的，各个城市可以凭借这些自然资源塑造城市形象。当然，战略优势也可以人为地去创造，如深圳市华侨城，以前还是荒地，现在建起了锦绣中华、世界之窗等主题公园，从而产生了具有自身特色的战略优势。

### （二）城市形象的特征

#### 1. 稳定性与动态性

由于时间的流逝以及外界环境的改变，城市形象一直处在不断变化中，具有开放性并且充满活力。一方面，城市形象自身在不断地发生变化。另一方面，城市也具备较为稳定性的特质。当某个城市的形象发生改变后，公众必须重新获得信息，进行再次的体会信息与评估。因此，在短时间内，这座城市的形象必须具有稳定性。在重新定位城市形象时，该问题最为明显。

#### 2. 整体性与多维性

城市形象包含着很多元素，公众可以在各个视野中理解和评估城市形象，城市形象设计也可以采用多种形式的方法、途径以及媒介。从这个角度看，城市形象具有多维性。在城市形象评价指标体系的设计过程中，我们要着手于很多方面（心理与道德、制度与文化、科技与经济)。在塑造城市形象时，我们也需要从各个角度着手。城市形象通过公众综合信息形成了独一无二的印象，城市实施信息传播旨在使公众产生一个统一的整体性形象。从这个角度看，城市形象有其自身的整体性。总之，城市形象是多维性和整体性的统一体。只有多种因素的协同作用才能创造完美的城市形象，而一旦某一维度在塑造过程中发生错误，城市形象的完整性就会被破坏，整个城市的形象就不会形成。

3. 层次性

很多方面都能够体现城市形象的层次。一方面，公众是分层次理解城市的，而表面形象与深层形象是城市形象所囊括的。其中，前者以市民体会的城市外表特性为来源，主要指向城市形象中的有形要素，而后者以公众无法直接感知的形象为主要来源，主要是一种视觉效果。公众对表层想象的形成不难，也易于更改，但表层想象影响公众行为方面的时间相对较短。同时，公众的价值理念、文化底蕴以及对城市进行观察的途径等众多因素影响了深层形象的产生与变化。另一方面，城市空间是分层的。公众了解其他空间层面的形象是分层次的，包括结构层面和文化层面。

## （三）城市形象的主要内容：交相辉映的多棱镜

1. 城市功能形象

城市功能的需求在很大限度上决定了城市形象。城市形象的核心即功能形象，实质体现就是功能形象。城市重要职能、城市性质决定了城市功能形象，因此城市功能形象能够有效地呈现城市个性。城市功能形象包含了产业形象与规模形象两个最主要的含义。

规模形象与城市实力、人口、面积等因素有着密切的关系。大城市的恢宏和小城镇的精巧，各具特色，各有千秋。通常而言，大城市（如上海市）的功能形象作为区域性的经济、文化中心，具有显著的辐射与带动价值。而小城镇在城市网络中则应该自觉地探寻发展之路，以适应本身的功能形象。相反，如果小城镇追求塑造国际大都市的功能形象，往往陷入失败的境地。因此，城市在提出“塑造国际大都市形象”的口号时，要慎之又慎。

城市形象在代表有明显特色的产业所反映的产业形象中，未必会以最大产业为代表。譬如，铜陵的产业形象是通过冶金行业所实现的，其城市形象被赋予为“铜都”；桂林的城市形象代表为旅游产业，其作为旅游城市是通过“山水甲天下”的有意识塑造而实现的。总而言之，城市形象内容所具有的差异性取决于其所具有的各种功能形象。

城市形象最直观的表现方式即为城市景观形象，其囊括了可以体现城市特性的人文景观与自然景观。例如，北京的布局方正而又严整，体现出古都王城的庄严；苏州小桥流水的情调使其蕴含了园林的人文氛围。自然地理条件在城市区域中可以产生自然景观，而自然景观的特性被进一步加深与渲染是通过人文景观所实现的。譬如，作为港湾城市的青岛，通过匠心筹划与设计，借助当地的自然资源条件优势，塑造了丰富而多样的自然景观。城市建筑风格同自然有机地融合在一起，使青岛自然景观特征表现得淋漓尽致，给人留下深刻的印象。

2. 城市政府形象

城市的政府机构很大程度上决定了良好城市形象的最终形成。一方面，在城市形象中，政府的自身形象是一个极为关键的内容，同时政府必须具备指导和管理城市形象建设的任务。换句话来讲，从普通大众的常规生活直至筹划城市发展战略都带有政府行为的印记。评价政府形象良好的因素有很多，如政绩斐然、管理卓效和开明、廉洁。比如，浙江省金华市所创造的城市形象为高效与务实、廉洁与公正并存，对政府与上级、企业和公众间的关系进行合理的规范，政府每个部门具有较高的办事效率，因此投资者也纷纷愿意入驻该市。在城市内、外公众中，通过政府的行为塑造城市形象，能够最大限度推进城市社会经济的迅速发展。

#### 3. 城市市民形象

城市的主体是市民。确切而言，对某一城市的进一步认识，人们通常是借助在和该城市中的“人”产生不同的关系来达到的。市民的众多方面（受教育程度、言语行为等）体现出其综合素质，同时在一定程度上体现了一座城市的风貌。人们在与市民打交道的过程中可以对城市形象做出直接的判断。

#### 4. 城市标志形象

城市形象的缩影可谓是城市标志形象。城市标志形象作为典型的抽象象征，能够划分成两种：一种是较为直观的标志形象，包含了城市的市徽和市旗、市树与市花、市鸟以及某些具有某种城市特定象征含义的建筑和雕塑；另一种是无形的，没有具体形态的标志形象，包含了城市的声誉、市歌、名称、宣传语等。譬如，木棉作为广州市的市树，美人鱼是丹麦哥本哈根的象征，鱼尾狮是新加坡的城市地标，埃菲尔铁塔是法国文化的象征，均可以有效地呈现一座城市的精神内涵。当人们看到这些标志时，他们自然会想到其所代表的城市的形象。

#### 5. 城市环境形象

城市环境的三个主要层面包括人工环境、社区环境与生态环境。环境作为人类赖以生存与发展的基础和一个极为重要的媒介，不仅体现了一个城市的形象，也是建立城市形象的基础。倘若破坏生态环境，一方面将阻碍城市的健康可持续发展，另一方面也会降低公众对城市的喜欢程度。一个地方的污水、垃圾、臭水沟能够破坏整个城市的完美形象。人工环境指的是一些基础设施，如城市通讯、道路以及建筑。这些基础设施成为公众搜寻城市形象特性的关键路径，也是城市个性呈现的主要途径。人们之间互动、情感融合的纽带是社区，而社区也是一个展示精神文明的主要窗口。可见，城市形象主体认可观念取决于对人工环境、社区环境、生态环境的城市评价。

### （四）城市形象建设：高回报的生产投入

设计和建设城市形象旨在推进城市经济的健康可持续发展，此种发展的实现得益于外部公众以及内部公众间的良好关系。市民与城市间实施信息互动和交流，建立良好的城市形象，城市发展与市民行为高度融合，进而达到两者目标的有机统一。从经济价值的角度而言，拥有较高回报率的生产性投入即为塑造城市形象。

### 1. 聚四海人才，纳八方资金

一个城市的经济能够快速增长，资本要素（资金）、技术要素（人才）起着决定性的作用。倘若在技术人才、投资者的脑海中能够产生良好的印象，那么该城市就会被他们所认可，并且会得到投资者和技术人才的青睐。在个人就业决策以及投资者投资决策过程中，该种直觉或印象往往发挥了关键性作用。现在，一些新兴的中小城市在高校招聘毕业生时往往“颗粒无收”，分析其中的原因，主要是毕业生的心目中没有认同该城市的形象。

### 2. 强化外部环境，拓展发展空间

外部环境是发展城市的条件，通过形成城市形象，有助于政府对这座城市留下良好的印象，舒适的政策环境容易被形成，同时良好的城市形象也能够获得异地消费人员的认可，拓宽当地产品市场销售途径。此外，良好的城市形象将吸引许多游客，并为其创造就业机会。例如，张家界以前的经济较为落后，自发展旅游业以来，当地人们通过树立旅游城市形象，使旅游业获得蓬勃发展，旅游形象日益完善。绝大多数人不仅摆脱了贫困，还解决了就业问题，而且再次拓展了城市发展空间。例如，“国际森林保护节”的举办，建立了绿色环保的新理念，打造了一个闻名遐迩的城市——张家界。

### 3. 提升公众满意度，强化内聚力

遵循以人为本的原则，明确城市形象，能够有效地促使公众认可和称赞城市，最大限度上改善城市软件和硬件设施，使每一位市民在塑造城市形象中成为受益者。即使在一些不利的环境下（如工人下岗），政府也要努力赢得市民的理解和支持，共渡难关。美好的城市形象激发了人们的爱美之心和城市的凝聚力，提升了市民的精神文化水平，同时良好的氛围激发了市民积极参加城市形象建设。

### 4. 以德治市，促进精神文明建设

社会主义优越性关键在于高度的精神文明。城市的发展体现在物质文明和精神文明两者的高度发达，必须“两手抓、两手都要硬”。城市形象建设、精神文明建设、物质文明建设三者有机互动，互相推进。

### 5. 加强城市的识别性，提升竞争力

城市形象设计为公众带来了具有强烈印象的视觉识别标志，从而建立起差异性的城市发展观念，以此将该城市形象与其他城市形象进行区别，最终在日益激烈的市场竞争中能够获得一席之地。例如，新加坡通过创立自己的城市形象，使其经济发展提升了一个层次，并成为世界知名的交通枢纽；吉林省通化市利用制药产业优势，树立了制药城市形象，在制约行业上进行积极发展，从而提升了与其他城市之间的竞争力。

## 第二节　城市形象设计的原则

城市之间至高层面的竞争是一种形象竞争。良好城市形象的形成是以城市社会经济的可持续良性发展为基础的，城市经济的发展有助于设计相对完美的城市形象。在设计城市形象过程中，当前某些区域存在舍本逐末的倾向，往往把经济发展置之脑后。为了避免这样所导致的不良后果，政府在进行城市形象设计过程中应该遵循一些基本原则。

### 一、夯实城市社会经济基础

目前，城市形象设计在实践中存在一种“形象设计万能论”的倾向，似乎只要城市形象设计搞好了，就可以解决任何问题。这是一种极其错误的认识。城市形象是城市内部众多要素的外部特征表现，应该视城市内部不同要素的排列组合与素质高低的状况决定。

一座城市形象的好与坏取决于城市社会经济能否可持续地良性发展。城市社会经济是内在的内容，城市形象是外在的形式；城市社会经济是本，城市形象取决于城市实力。换句话而言，城市形象的形成得益于事物本身，所以在设计城市形象时必须将发展城市社会经济作为一项基础性工作。城市形象设计的提升需要依靠经济的发展，社会经济发展不能被形象设计所取代。城市形象建设、经济建设两者应该良好互动、有机融合，不可孤立或排斥。无论何时何地，此为一个必须遵循的基本准则。

一方面，城市形象建设的质量取决于社会经济的形态。要想提高公民素质以及城市形象，就离不开城市的经济发展。唯有如此，方能建立良好的城市形象。公众感知和评估城市形象是基于客观事实的。即使政府通过在一段时间内发布错误信息而获得了良好的公众意见，它也不会长久，最终的公众评估将不可避免地揭示城市发展的本质。另一方面，在城市经济快速发展后，城市向市民传播的信息势必会发生变化，市民必将据此评估和理解城市。换句话而言，经济发展是对城市形象进行变革的原始“动力”。另外，社会经济的发展也为城市形象设计提供了重要依据。经济快速发展能够推动人民群众需求的进一步发展，这将把诸多客观实体诸如城市公园、广场以及建设等提升到更高水平，持续地增强城市功能。只有在拥有这些物质条件的情况下，才能为城市形象设计提供客观的对象。

### 二、突出城市个性

城市个性是城市形象和城市生活的灵魂，强调城市特色是城市形象建设的重要思想和最佳指导原则。城市个性在城市形象定位中，应该广泛地应用城市的历史、内涵、自然文化等。城市的观念凝聚于城市个性之中，而城市个性的表达则在一定限度上可以理解为城市行为识别系统和城市视觉识别系统。城市个性化的最高指导原则必须在城市形象的不同阶段和各个方面都要有所体现。

城市个性是一种高度概括和独有的特征，它关注城市本身的各种功能。这一特征往往通过文化反映出来。城市的特性既能够是自然的或历史的，又能够作为民族的、政治的或者经济的。例如，时尚之都、音乐之都分别是巴黎和维也纳的个性；钟表王国、水上乐园分别是瑞士和威尼斯的个性。

城市个性反映在以下两个方面。其一是城市的外表特性，这主要依赖当地自然地形地貌及其基本形状。例如，位于长江与嘉陵江交汇之处的山城重庆，房屋多为临山建造，吊脚楼便成了主要的建筑形式。可见，城市的外观主要取决于该地区的特点，人们能够借助建筑物实施一些改变。另一方面是城市的内在特性，主要由军事与科技、政治与文化以及科技与经济的地方实体形态组成。譬如，地处华北平原中部的北京，所处位置极其重要，加之具有丰富的历史文化底蕴，使其成为长期的政治中心。

城市形象的形成作为一种战略行动，关键是通过强调城市的个性来创造差异化的利益。没有个性的城市形象设计常常被视为失败的城市形象设计。城市特色最为关键的功用即为凸显其独有的特征，具有鲜明特色的城市形象能够助力城市处于不败之地。究其原因，与其他城市不同的要素是城市所具备的城市个性，可以成为一个独特的“销售点”，在进行竞争时形成优势。例如，旅游的优势成就了杭州特色，这在长江三角洲城市群中是特有的，所以杭州市能够充分利用旅游产业这一优势塑造城市形象。

在建设城市特色时，我们必须“集中”城市的一个方面。首先是查明一个城市与其他城市相比后的基本特征，其中了解城市的利弊尤为重要。其次是，按照“优势集中”的原则，从一个方面收集优势，将所有功能与其相关联，并最大限度地发挥关键优势。从城市特征向城市个性的转变涉及多种信息的多方面途径，如搜寻、筛选、处理、存储以及传播。这不但应该借助形式多样的数学工具，企业也要通过公众的参与以及专家的判别参与其中。

## 三、延续城市历史文脉

历史的持续发展导致城市的产生，在一个城市中共存各个时代的文化遗产；而历史的连续发展也会导致城市形象的产生，在一定时期内城市形象必须逐渐更新，还要注重历史背景的连续性。城市的历史能够反映这座城市的城市特色、独特的艺术魅力以及城市个性，因此不仅要对有形文化遗产进行保护和开发，还要保护和发展城市文化底蕴（城市无形之物）。唯有如此，方可彻底地振兴城市历史文化，才可以让新建设同长远历史以及富有底蕴的城市文化有机地融合在一起，进而真正意义上将历史文化名城转化成人类的瑰宝。

无论何时，城市形象设计都应该利用现有的城市结构和建筑形象，在历史和文化背景下塑造城市的未来。

## 四、与自然相融合

人类社会发展最基本的主题永远是人和自然。城市形象的塑造是以人与自然的有机互动为基础的。在国内，传统哲学的“天人合一”思想具有较大的影响作用，在城市建设活动中融入自然的城市设计观念已经由来已久，同时蕴含山水独特的城市形象已经具备。然而，某些城市的建设过程由于缺乏融入自然理念，破坏了城市原有的地理地貌、自然风光以及原有城市空间的特点，最终城市形象在塑造完成后没有具备应该具备的基础。

可见，塑造城市形象需要尊重自然，与自然有机融合在一起，达到二者的和谐，在城市空间体系中良好地融合特色鲜明的城市山水空间与自然要素，通过人和自然的和谐一致凸显城市形象。当人为介入的印记在人与自然的平衡协调中清除以后，城市的形象是完全自然的。

## 五、凸显地域特色

在悠远的历史长河中，人类按照其地域特点构建了极具差异性的地方文化，这是人类适应、改造以及运用自然环境的结果。城市形象的塑造和发展在很大程度上取决于地方文化。同时，地域文化在诸多方面被淋漓尽致地体现出来，如社会风气、城市景观、建筑形象以及城市布局（依山而立的重庆、临水建街的苏州）等。在建筑层面，自然条件在很大程度上影响了传统的建筑形象，尤其是气候。例如，寒冷的北方的建筑物多淳朴稳定，具有丰富多彩的色彩；而南方由于天气潮热，建筑则凸显轻盈淡雅的特点。可见，虽然当代建筑趋于一致，但区域差异依然存在。在城市绿化景观层面，不同地区的植物群落的立地条件有所差异，品种也有不同，因此人们遵循的自然规律并不是同一个过程，而是需要根据当地的生活习惯、道德情操以及行为方式对城市加以塑造。从某种程度上而言，设计城市形象可以从城市文化方面所汲取，一方面可以对某区域的城市文化特性进行最大限度地体现，另一方面也要以该城市独特的文化底蕴为基础。

## 六、强调整体与协调

城市的形象设计是设计整个城市的所有元素。从整体角度看，其应该对各个要素之间的有机联系进行考虑，并使塑造的城市形象转化为联系在一起的有机体，进而在市民感知城市形象的过程中形成统一化的影响。同时，设计城市形象的方式与内容应以完整性原则为基础。唯有如此，方可加大塑造整体而又丰富的城市形象的可能性。详细而言，从历史层面，城市形象是持续的；从空间层面，城市形象是有次序的；从结构层面，城市形象是合理的。这是统一连续性原则所要求的，可以体现出城市发展历程以及不同城市形象的要素之间的有机联系。

当代城市形象的关键组成部分之一是建筑物。在施工时，设计师应充分注意建筑物与整体环境的协调、建筑物的高度、建筑物之间的距离、建筑物的色彩以及建筑物与周围背景之间的比例。只有整体协调的建筑，才能够组建整体的视觉识别，进而将城市观念进行整体性的传播，形成良好而完整的城市形象。例如，北京天安门广场周围建筑设计时注意了这个问题，整个建筑群浑然一体，形成了庄严、肃穆、开阔的城市形象。杭州市把主要街道临街的墙面颜色予以统一，具有较强的视觉效果。相反，某些著名的游览风景区对此问题并未重视，造成周边诸多建筑物同风景区不相符的现象，破坏了风景区的协调，使其丧失了以往诗情画意的意境，城市形象也因此受损不少。

### 七、着眼于城市未来发展

建设城市形象是一项长期任务，为实现重大成果，目前的投资可能需要数年的时间。城市形象不容易建立，但容易摧毁，不断努力的结果可能会随着一两次错误而消失。可见，城市形象的建设是一个长期的持续不断的过程。例如，城市形象的建设在大连引起重视的时间能够追溯到十几年前，该市也愿意在必要的情况下牺牲某些短期的经济效益。当其他市在各处建造房屋时，大连市却在努力建造广场和绿色空间，并没有在意房地产对其可能带来的巨大利益。然而大连美丽的城市形象却创造了良好的社会效益以及经济效益，获得了不少称赞，每年吸引了不少投资者和游客。

城市未来发展要注重的另一个关键点是在城市形象形成时，有必要在城市中确保一定数量的公共文化空间，并为体育场馆、图书馆、博物馆以及广场、公园建立预留空间。未来城市的大部分形象都是以城市公共文化空间为基础的，城市建设必须得到重视。从战略的角度看，政府需要尽快地制定计划，并且加以考虑。

塑造城市形象要以发展和未来为关注点，必须精准预测城市发展中或许会产生的新问题，并提前准备和计划。例如，自然环境、城市人口、生活方式的改变以及城市产业结构的调整都或许会导致建设城市形象出现困难。

## 第三节　城市形象设计的程序

城市形象设计是调查、定位、设计、宣传、营销、维护、再定位、再修正的一个循环过程。

### 一、城市形象调查

城市形象设计有初次设计和重新设计两种。在不同情况下，调查的内容是不同的。

#### （一）初次形象设计的调查

首次调查的目的是获得城市形象设计需要的基础资料，如这座城市的历史轨迹和文化脉搏、周边的地理环境和天气气候、城市的区域位置、人口的数量与规模、城市经济产业的机构组成及发展前景、当前城市的标志性景观及具有识别性的城市标志等城市形象要素。通过调查分析，设计师从中找到最能够反映该座城市个性的关键性元素。城市形象不仅要具有吸引力，而且要能够满足城市的实际需求，最终得到城市内部居民和其他城市居民的认可。

调查不仅要全面，而且要有重点。调查的全方位是指调查应该包括城市政治、经济、地理、历史、文化等各个方面的情况，掌握的资料要尽量翔实。突出重点是指调查应该集中放在城市发展中具备个性的某几个方面。譬如，杭州市的城市调查应该突出旅游资源方面的情况。总的来说，规模较大的城市形象设计要对综合性多加考虑，要能够全方位地反映城市文化底蕴；规模较小的城市形象设计要多注重个性化，重点显示城市特征风貌。总之，调查的时候要依据设计要求的不同而有所侧重。

### （二）重新设计的调查

城市根据自身发展需要所设计的形象与公众接受和期望的形象之间必然会存在一定的差距（称之为形象差距），这是城市形象重新设计的动因所在。形成城市形象差距的原因是多方面的，某些传统城市由于时间的关系，城市形象模糊，需要重新发掘历史、文化和社会精华，对城市形象进行重新塑造，如平遥、文水、景德镇、枣庄、望城、濮阳等城市。对于一些产业结构单一的工矿业城市，资源枯竭、城市功能弱化，因此需要对原来城市形象进行重新策划，赋予新的内容，如大同、铜陵、个旧、鞍山、大庆等城市。因此，在重新设计调查阶段，最重要的是明确认识形象差距。

城市形象是一个复杂的综合体，包括有形要素、无形要素、人员要素等几个大的方面。因此，在重新设计时，设计师要了解城市实际形象和公众期望形象之间的差距，落实到具体要素的各个方面，并设计一些具体指标，以期从更深的层面上把握问题的实质。城市形象调查最好是采用定量的办法，这将有助于问题的分析。在实际调查过程中，应当突出重点、有主有次，可以先进行一次包括较少指标的预调查，然后对问题较多的项目做进一步调查。

城市形象调查的对象主要是各类公众，包括内部公众和外部公众。对于外部公众的调查，主要集中在城市知名度和美誉度两个指标上。城市知名度是指社会公众对城市的知晓程度，主要衡量的是城市形象传播的触及度。城市美誉度指的是社会公众对城市的赞誉程度，主要是指城市形象被公众认可的程度，是城市形象设计能否成功的一个重要指标。美誉度是建立在知名度基础之上的。

## 二、城市形象定位

城市形象定位是指确定城市在整个社会经济网络中合适的位置，最终显化和标明城市的个性化特征。从另一个角度看，城市形象定位也就是确定城市对社会的生长点和贡献点，回答城市“为何存在”以及“为什么会存在”的问题。精确的定位城市形象能够大大提高城市形象策略实施的成功率。而城市形象定位的关键是把握住城市的个性，最好和其他城市对比后再进行定位。

城市形象定位关系到三个因素的分析，要考虑三种因素间的相互影响。

最先要考虑的是处于对手位置的其他城市。城市形象定位之初不仅要尽力与其他城市形象有所不同，寻找自己的独特之处，而且要和其他城市有所关联。每个城市都位于一个社会经济网络中，其功能是在网络连接中创建的。各个城市应该相互支持，相互协调，共同发展。换言之，城市形象定位是以区域经济为前景的，借鉴区域经济的分工，这是一个挖掘自身优势的过程，也是在与其他城市相互比较的过程中产生的。

第二个影响因素是城市本身的形象应该放在城市的固有特征上，特别是主要特征。在定位之前需要详细论证城市的各个方面。

社会公众是城市形象定位考虑的一个最终因素。形象定位要研究城市的形象是否可以被公众接受，与城市当前形象的距离以及形象元素中所反映的差距。实际上，找到城市形象的过程就是在上面所论述的各个角度中找到一个平衡点。比如，一旦城市的方向产生变化，公众将会随之改变他们的观点，这肯定会影响城市在公众眼中的形象地位。此时，就需要重新调整自己城市的形象定位。城市形象定位确立了城市对社会独特的贡献点，这为构建城市的理念识别系统做出了贡献。城市调查是城市形象定位和重新定位的基础与前提，城市不妨依据最终敲定的城市形象定位，从中提取出城市未来的发展理念。可见，城市形象定位在整个城市形象设计的过程中是非常重要的一个环节。

## 三、城市形象评价

城市形象是城市的自然地理环境、经济贸易水平、社会安全状况、建筑物的景观、商业、交通、教育等公共设施的完善程度、法律制度、政府治理模式、历史文化传统以及市民的价值观念、生活质量和行为方式等要素作用于社会公众并使社会公众形成对某城市认知印象的总和，而城市形象评价就是对上述城市形象的一种评估。借由形象评价，能够为城市视觉美化、城市形象定位、城市理念识别系统设计、城市形象传播等寻找到最佳的方案。通过形象评价，我们可以把不同城市形象进行横向的对比，也能够掌握一个城市的历史变迁，从而对构成城市形象的各个要素有一个认识，为城市的形象建设奠定基础。

### （一）城市形象评价的含义与作用

城市形象评价是对构成一个城市的所有内在要素是否与内外部公众的需要相吻合所做出的综合判断。城市形象评价的主体是社会公众，既包括公众对城市各要素在塑造城市形象中作用的评价，也包括公众对城市形象差距的判断，还包括在两个及以上的不同城市之间公众对其进行的主观城市形象比较。城市形象评价的客体是城市形象系统中的各个要素，既有自然要素，又有人文要素，综合了城市的方方面面。通常情况下，评价涉及政治、经济、文化、社会、自然和环境等各个方面，并综合考虑它们对城市形象塑造的影响。在评估中，我们不仅要强调直接影响，还应强调间接和隐含的相互作用；不仅要强调眼前利益，而且要强调长期利益；不仅要评估量化指标，而且要强调软指标评估。

城市形象评估的作用在于选择不同的选项来实现相同的目标并选择实现目标的最佳解决方案。城市形象评价在城市形象设计的不同阶段所发挥的作用也是不一样的。在城市形象定位阶段，利用形象评价选择出最佳的形象定位；在进行城市理念识别系统、行为识别系统和视觉识别系统设计时，利用形象评价选择最佳的设计方案；在城市形象设计之后，利用形象评价确定最优的形象传播方式。

### （二）城市形象评价的步骤

在评估城市形象时，第一，要确定城市形象设计目标，如降低传播成本、扩大传播的影响范围、提高城市声誉等。一般来说，城市形象设计的目标是不同的，有必要依靠某些方法确定每个目标的相对重要性。第二，需要分析构成系统的各方面要素。根据城市的形象评估目标，有针对性地收集相关数据和资料，并对各种系统要素和系统性能特征进行全面分析。例如，在评估城市整体形象时，根据分析确定城市形象的内容，包括环境形象、经济形象、社会形象和发展形象。评估城市形象主要是对这些组成元素的评估。第三，界定评估考核体系。该指标是总体目标的量化指标，每个指标都规定了城市形象评估的一个特定方面。一系列相互关联并涵盖该系统所有方面的指标体系构成了反映待解决问题目标要求的指标体系。指标体系是评估城市形象的最新观点，应尽可能充分考虑影响城市形象的各种因素。例如，在评价城市经济形象时，可以选定GDP、第三产业比重、企业利润总和、劳动生产率等指标。第四，制定评价的标准。在评价最开始，要对一些定性的指标通过依托模糊数学理论的观点和方法，进行定量化的处理。对于评价的不同指标，有必要将相关指标进行规范化处理，并制定评价标准。依据指标反映的要素情况，对各指标的结构和比重进行评价。在这个前提下，明确评价要采取的方法，如简单加权法、AHP法、主成分分析法等。第五，先进行单项评价，然后再进行综合评价。单项评价是指针对系统的某一个特殊方面、一个或者几个指标展开周密的评价，以突出系统的局部特点。例如，对城市经济形象做出的评价就是单项评价。综合评价是指依照选定的评价方法，在单项评价的前提下，从不一样的视野和角度对城市形象展开全方位的评价，最后得到可以实现系统目标的最佳方案。

### （三）城市形象评价的原则

城市形象评价是为决策服务的，评价的质量好坏与决策的正确与否挂钩，所以要先确保城市形象评价过程的客观性，评价材料要准确、可靠和全面。针对其中某些要依托人的主观能动性做判断的一些环节，应该对其进行一定的统计方法的辅助，缩小人的主观判断带来的误差。

城市形象评价不仅要注重客观性，而且要对评价的系统有足够的重视。一个城市的形象是构成这个城市系统的各个要素总体的外在反映，因此在对城市形象进行评价时，要对城市的情况有一个全面的把握，影响城市形象的每一个方面都要被设计的指标体系所覆盖。如果遗漏某项指标，那么城市形象评价的结果可能会受到影响。但是，在具体操作时，某些指标的获得比较困难。如果只实行系统性原则，反倒会让评价变得不易实施。因此，在创建指标体系时，对一些和评价关系小的指标可进行舍弃；对另一些和评价关系紧密但当前没有办法获取数据的指标，可以当作建议指标提出来，来确保评价指标体系可行。

对指标的取舍应当给出一定的依据。换言之，要注重科学性。在明确各个指标比重时，要借助数理统计方法，尽量缩小评价过程中出现的误差。城市形象评价的科学性原则要求，城市形象评价时每一个环节的误差都要控制在一定范围内，而且这个误差必须是可以量化的，否则会导致整体评价的误差非常大，降低结论信用度。

### （四）城市形象评价指标体系的构建

城市形象评价不仅涉及城市发展过程中的各个方面，而且包括公众的众多心理因素，因而评价过程往往带有随机性和模糊性的特征。对多层次、多因素的繁杂的评价问题采取科学性的测量方法需要对其进行一定的量化处理，第一步也是最重要的工作是针对城市形象构造一个科学的评价指标体系，明确每一个指标的数值和与之对应的比重，然后加总，得到最终的评价结果。

构建城市形象评价指标体系，很重要也很困难。指标范围越宽，评价相应地就越全面，越有利于提高判断和比较的准确性，然而明确指标的分类与重要性会变得困难，建模与处理的过程也会变得复杂，所以扭曲方案本质特征的可能性也越大。特尔菲法和主成分分析法在构建指标体系中比较常用也比较有效。特尔菲法依靠的是专家的知识、智慧、经验、直觉、推理、偏好和价值观，在许多无法定量化的复杂系统评价方面运用广泛。在运用特尔菲法时，第一，要约请有关城市设计、城市美学、经济、文化、建筑等方面的专家学者，让他们对城市形象应该包含哪些指标内容及各个指标的相对重要性进行主观的评价，并进行打分。第二，把不同专家的评价结果汇总后进行统计分析，若意见不一致，便把统计分析的结果反馈给各位专家，让他们进一步修正自己的评价，直至最终意见能够达到相对一致。在专家们进行评价的整个过程中，要确保他们彼此不会碰面联系，以确保最终的意见不会受到其中某一个人的左右。主成分分析法是筛选和简化指标体系的典型方法。一般是根据相关分析法把原来的多指标序列中相关性较强的一组（多组）指标用一个（多个）新的指标来代替，从而达到简化指标的目的。

## 四、城市形象识别系统的设计

城市识别系统（CIS）是城市形象设计的集中体现。它是在通过城市形象调查得到基本资料并进行城市形象定位和再定位之后，把城市所具有的所有个性特征（尤其是优势特征）通过统一的设计，运用整体的传达沟通系统，将城市的发展理念、城市文化以及城市活动等方面的信息传达给所有公众，让他们接收到相互协调的信号，并形成对城市的认知和评价，以凸现城市个性，使公众产生一致的认同，最终实现由客观世界到主观世界、由城市到公众的跨越过程。

### 五、城市形象的传播与维护

城市 CIS 设计是一个编码的过程。在设计好城市形象识别系统之后，一个重要的步骤便是利用各种可能的信息媒介宣传推介城市形象。通过传播城市形象，能够使公众和城市有一定的沟通。沟通的目的在于塑造城市形象和发现原有城市形象定位的偏差。沟通的成功与否，取决于两个方面：一是城市形象定位是否准确，是否具有个性，能否为公众所接受。二是城市的传播力，即城市对外宣传、公关等信息传播的能力。传播力的大小取决于多方面的因素，包括资源投入、传播媒介选择、传播频率、传播机会把握、传播人员素质等。

城市形象传播是一个全面、全员、全方位的传播过程。全方位，是指城市形象传播的策划和施行要全面考虑到每一个系统间的关系，在探究评价系统运行情况的前提下，针对各个不同的方位同时展开，这种方式的传播一定是建立在立体空间基础上的交叉传播和多维传播。全面，是指城市的形象传播应当能够反映城市的各个方面，在突出重点的基础上反映城市全面而完整的形象。全员，是指城市形象传播不仅是政府的职责，是全体市民的分内工作和应尽义务，体现为市民的自觉意识行为。通过城市形象传播，公众接收到各方面的信息并进行“解码”（decoding），并在不断强化中，最终形成对城市的整体形象的认知。从另一个方面说，这也意味着城市已建立了自己的形象，之后的步骤便是城市形象的维护。

城市形象的维护包括两个方面：一是不断地强化城市形象的传播，让公众不间断地接收到有关信息并强化对城市形象的认识；二是在出现突发性事件并对城市形象构成威胁时的紧急处理。突发性事件一般是在毫无准备的情况下瞬间发生的，可能引起混乱和恐慌，极容易引起舆论的关注，并且对城市形象构成极大的威胁，如城市爆炸事件、群众集体上访事件等。对待突发性事件，一是要加强预测，建立起一套预警系统和处理突发性事件的机制，尽早提前介入，把事件消灭在萌芽状态。二是要妥善处理。当事件发生以后，城市管理部门应该积极采取对策，尽快掌握事件真相，制订补救方案，本着坦诚、公开、公正的原则，与新闻界保持联系，并加强内部信息交流，以达到通过处理好突发性事件而维护城市形象的目的。

## 第四节 城市形象设计的发展趋势

### 一、城市空间一体化

传统工业城市的发展注重城市用地的空间分布和等级划分。随着城市的变化发展，由单一功能单元构成的封闭系统远不能与当代城市生活的多样性特征和不同城市功能之间密切的内在联系相匹配。对于大多数城市，特别是大城市和特大城市，土地资源相对匮乏，城市土地资源和空间的有效利用非常重要。从城市空间结构的角度发展看，一体化趋势渐渐显露。

当今城市空间结构的一体化发展大部分体现在以下几个方面。

(1) 城市土地的使用从单一化转变为多元化。每片土地都有着不同的城市功能。从建筑的角度看，它突破了传统的建筑功能相对简单的空间使用模式。一个建筑物能够容纳各种功能，如交通、商业、娱乐和居住。

(2) 相邻地块的空间功能联系不断加强，形成一个综合性的大型城市社区。

(3) 城市土地和城市空间的使用变得立体。土地的开发和利用已经从地面扩大开来，形成了地面和地上、地下同时发展的形式。

(4) 不同性质城市空间之间的联系越来越密切，尤其是建筑空间与城市空间呈现出一体化趋势，完整的城市空间体系已经形成。

(5) 城市交通在城市空间结构发展中的作用日益突出。城市交通网络的建立加强了城市空间之间的联系，同时围绕重要城市交通网络的节点，形成交通功能的核心。空间的使用是多样化的，三维城市交通综合体对城市空间环境的发展产生了重大影响。

## 二、生态文明与城市可持续发展

从工业时代向后工业时代转变的城市发展趋势是不可逆的，城市发展模式的转变将直接导致城市的空间结构以及土地利用格局的变化。

工业革命带来了无与伦比的科技和社会经济实力，使欧洲许多城市在短时间内发生了巨大的变革。与此同时，工业革命后出现的城市概念和城市爆发式增长的速度也对环境产生了巨大的影响。城市人口的快速增长和城市规模的迅速扩大打乱了原有城市环境的平衡。

从这个角度看，现代城市设计学科的快速发展与城市周边的经济社会发展密切相关。现今，引起全球关注的“环境”问题主要是指人们直接依赖的自然资源状况。基于这种环境状况，“城市”可以理解为人类使用自然资源的程度。“城市和自然资源”之间的关系已成为“城市和环境”项目的起点。20 世纪 60 年代以来，以生态学原理为基础的城市和建筑理论总结出了很多新的方法并付诸实践。这一领域的探索力求创造“城市和自然资源”的最优分配，并逐渐形成了一些与国际公认的生态城市、绿色建筑、可持续城市，节能建筑等城市原则不同的独特城市理论。城市现代化应强调城市经济、空间、功能要素和可持续发展，城市生态环境的发展使城市在经济、社会、空间、功能等方面都具有优势，得到了全面的发展。

# 第四章　城市景观要素规划设计

## 第一节　自然景观要素的景观处理

城市自然景观要素包括气候、地形、土地、水体、大气、生物等，在设计中首要任务是要充分认识与了解它们的特征和对城市造景的作用，从而使它们潜在的美学价值得到充分的发挥和显现。

### 一、地形

在自然环境中，对城市景观设计影响最大的是地形，它既是可以利用的要素，又是可以改造的对象。

#### （一）不同地形条件的景观特征

1. 平地

平地常以线或面的形式展现，形成平缓、广阔的景观。但是由于地形起伏很小，缺乏三度空间感，易使景观平淡、发散、无焦点。所以，比起山地、坡地等地形，要在平地上创造令人向往的、具有丰富变化的景观，有一定难度。在设计中可采用以下方法：

（1）利用建筑物或构筑物自身的高低，以及绿化植物的高低，获得三维空间的变化；采用挖坑、筑台、架空道路的手段获得景观的变化；利用植物的围合，对建筑采取适当的遮挡来丰富景观的内涵。

（2）大胆运用色彩，借助于光影效果，加强空间的变化。

（3）突出重要景点和景物，利用它控制整个地区，成为主宰。而另一方面，由于平坦观景广度和深度较小，所以还常需要借助高大的建筑物或者眺望塔（台），以获得整体或较大范围的概貌。因此它们既是景点，又是观景点，要予以十分重视。比如四川绵阳市区的越王楼、富乐阁，广元市的凤凰楼，南京的建国饭店，江苏镇江市的金山寺等。

（4）尽量利用自然或人工的山石、水体打破平地上的单调局面，形成有分有合、曲折多变的城市景观。

2. 山体与坡地

城市中的山地、坡地的地形高差变化，无论在使用上，还是视觉景观上，都会具有区别于平地的突出个性。设计中应该以尊重地形的变化条件为前提，把它们组织到城市景观的构图之中，创造既经济实用，又丰富怡人的景色。

山坡地形的景观特征，与平地相比，一般表现在以下四方面。

（1）变化性

山坡地形的高低起伏，使空间任何一点都具有三维量度的变化，因此常可以使城市空间景色层次丰富，且又富于变化。

（2）流动性

坡地与平地比较，则多富于流动性，如地形的起伏，道路的曲折。

（3）方向性

首先由于坡地的坡向决定了城市空间有较强的方向性；其次，凸形的山丘具有较强的放射性，而凹形的山丘或谷地则有较强的向心性。因此，在组织城市景观时一定要考虑这些特点。

比如，利用地形高低来烘托建筑的气势，把建筑摆放在高地上，或把主体建筑、构筑物建在山顶上，使其视野开阔，居高临下，更具气势。其他的建筑也由下向上布置，这样就能使建筑与自然景色浑然一体，形成突出的空间效果。

在山坳、山谷，一般是将建筑布置在凹地到沟谷地的边缘或两侧，中部作为道路、绿地，这样效果就相对比较好；若将建筑布置在凹地或沟谷地中间，就会比较封闭，并因建筑填塞了凹地，效果就会变差。特别要注意的是，当在各地建造了较多的高层建筑后，就会使建筑与两边高地处于同一水平高度，空间效果变差。

由此可见，在山地或坡地，建筑的布置和绿地的布置均应依势错落，相互衬托。

（4）眺望性

俗话说“登高望远”，山坡地的地势比平地要高，甚至高很多，站在坡地上放眼望去，必定获得更为广阔的视界，易于显示各种场景。所以，城市的观景点、眺望点、景观控制点可以选择在山地或坡地上。

通过以上对平地、山地这两种不同地形的景观特征分析，认为山地的景观价值明显大于平地。因此，有山地、坡地条件的城市，可以说在造景上就已经获得了良好的先天条件。

## （二）山地景观的价值和利用

1. 作为城市远景透视和背景

（1）与城市毗邻的延绵的山峦宜组织到城市空间中来，若是秀山、奇峰更可借景。为此，应适当留出景观走廊，避免高大建筑物等遮蔽视线，让人们在城市的一些点、线上能观望到周围或远处的山景。

（2）在重要的制高点处，巧妙地布置点缀一些人工建筑、构筑物，可作为进入城市的预示和标志，既可以丰富城市景观内容，又能以此加强对城市空间的限定，还可作为重要的观景点。如南京北极阁山的鸡鸣寺塔。

（3）山也可作为城市定位控制和构图的主要因素，使它成为人们视线的焦点与欣赏对象，具有很高的审美价值和导向作用。如桂林街道多以某座山峰为对景，形成了很好的街道景观，也使得道路系统明晰易辨，有助于对城市的感知。同时，城市中重要标志物也具有定位的控制作用。如巴西里约热内卢是一座滨海山地城市，它尊重自然地形，不进行人为破坏，依山傍水，景观十分优美。

2. 保留山体的自然美形象，构成城市佳景

（1）按自然地形来布置建筑和空间，形成道路曲折蜿蜒，建筑及构筑物高低错落、鳞次栉比等景象。

（2）山脉和陡坡往往可成为城市良好的轮廓线，如将山脉作为城市背景，或者将建筑按照山势布置，也可形成高低起伏且和谐的轮廓线。为此，应留意山势的整体变化。

3. 利用山体和地形高差，突出城市景观的人工美

（1）由于地形起伏，有高有低，可为人们提供观景的仰视、平视、俯视条件，可多角度地领略城市风光以及获得多层次的城市全景。

在平地上无论平视还是仰视，视野范围都比较窄；而山地就不一样，在不同高度的点上，即可获得不同的平视效果，范围较宽广；在山地低处或高处均可进行仰视，只是需要结合视点与视角的情况，考虑无遮挡或半遮挡观赏，以获得预期的构想；而当人们站在高处向下俯视城市时，一切景象尽收眼底。

（2）有山必有水，利用地形高差，多创造瀑布、跌水、喷泉、溪流等水景，使城市景观更具魅力。如在斜坡上用石头铺成小道，形成富有节奏感的叠水景观，使静态的山体表现出动态的效果。如流淌的小溪，减轻了人们行走在缓坡上的疲惫。

（3）结合地形，布置上注意重点与一般兼顾，滨水与山体、绿化兼顾，形成远近结合、上下呼应的城市空间环境。

另外，许多山丘还保留着大面积的绿地，沿海岸线也布置有大规模的滨海绿化带和众多公园。

## （三）保护自然地形与特色景观

在营造城市景观时，无论是平原还是山地，我们都应该通过尊重自然、保护生态的主流思想来进行。因为自然形体以及山顶、丘陵、湖泊、河流、海湾、岸线、旷野、谷地等景观要素的利用常常是城市的特色所在。只有很好地分析城市所处的自然地形特征并再加以精心组织，才能形成个性鲜明的城市景观格局。如南京的“襟江抱湖，虎踞龙盘”；桂林的“山、水、城一体”；海南三亚的“山雅、海雅、河雅”；又如布达佩斯的“一城两景”；堪培拉的等腰三角形格局；北京的轴线对称格局；巴西里约热内卢的“依山傍水”；以色

列耶路撒冷的“顺山就势”等，这都是因为设计者巧用地形进行有节制的建设，才使城市与自然有机地结合起来，创造出城市的景观个性。

其实，在城市现代化的开发建设中，在市区的内部，特别是在中心城区，保护一片原有的地形，或者恢复其自然景观，不仅是造景的需要，也是维护生态平衡的需要。如北京市区的景山公园，在钟鼓楼以南，位于城市中轴线上；波士顿市中心的一片坡地绿化等。

现代城市特别希望回归自然，也即是说能够在城市中拥有自然景色、乡村景色。因此有人提出反规划，即不建设的规划，给城市留下原汁原味的景象，建立浓郁的乡土生境系统。其实，换一个角度说，就是强调一种保护性规划。

“反规划”理论，是针对传统的城市规划设计出现的弊端，提出需要运用逆向思维进行城市设计的思路。反规划是指城市规划和设计首先应从不建设用地入手，而非传统的建设用地规划，应优先规划和设计城市的生态基础设施。这是一种逆向思维的规划设计方法论，以不变应万变。如果把城市规划作为一个法规的话，那么这个法规需要告诉土地使用者不准做什么，而不是告诉他们做什么。但现行的城市规划和管理法规恰恰在告诉人们去开发建设什么，而不是告诉人们首先不做什么。这是一种思维方式的症结。

以上关于地形的造景方法，实质上概括为八个字——“因地制宜、依形就势”，这八个字的规划思想在前述的我国传统风水说中反映得十分突出。不管我们对城市与风水的关系是赞同还是不赞同，因地制宜、依形就势是我们在城市景观设计中应该坚持的规划思想。

## 二、水体

城市中的水体，大到自然的湖海，小到人工的水池、喷泉，它除了提供人们的生活用水，改善气候，有利于开展水上活动之外，在城市景观组织中也是最富有生气的要素之一。它活化了景观，给城市带来了灵气。水的光、影、声、色、味是城市中最动人的素材，再加上水固有的特性：可动，可静，无固定形态，能发出声响，使得水景的塑造变化万千。

总之，由于水性多变，静止的水、潺流的水、喷涌的水、跌宕的水，以及随之而来的水的欢歌与乐趣，都成为城市景观中最有魅力的主题。

然而，水对于平原城市来说更为重要，因为平原缺少起伏的山脉，在比较单调的地形基础上，水则成为造景的最主要元素之一。这在风水理论中也有相应的论述，“枕山、环水、面屏”这一风水景观构图模式只适用于山区和丘陵地带，而对于许多江湖平原地区，风水术继承了“靠山吃山，靠水吃水”的传统，明确提出适应山地与平原两种地区的因地制宜要求。针对平原地区没有山，而有水的现状，风水术便按照水乡特点来安排，以水为龙脉，以水为护卫（相当于山丘地带的青龙、白虎），形成“背水、面街、人家”的另一种理想环境模式，我国江南许多水乡城镇大多沿用了这样的模式。其实这种“背山、面街、人家”的居住环境本身就很具特色。

## （一）水景的处理

### 1. 水在城市中的表现形式

水景有自然状态的水和人工化的水两大类。景观设计应根据其自然条件、环境气氛和使用要求、工艺技术等因素考虑，以形成不同的水景与水趣。

（1）自然状态的水体

包括溪流、江、河、湖、海等，它具有两种含义：一是指充分利用大自然所提供的天然水景，依水就势布置城市空间，创造出各种富于变化的城市景观。比如著名的水上城市威尼斯以及我国江南的一些水乡城镇就是极为典型例子；二是改造水体或岸堤造景，使自然状态的水在城市中不是简单的再现，而是由人工技术创造，经过艺术提炼使其有更理想的构图和意境，这种形式比较多见。从世界范围来看，引用自然水体，组织城市构成独特景观，有著名的水上城市威尼斯、荷兰的阿姆斯特丹。而阿姆斯特丹没有什么著名的建筑，城市发展历史也不久远，但它却依靠自己独特的形式，同样成了世界级名城。它与威尼斯有许多相似之处，也是因为水运贸易发展起来的。城市中水道纵横，但阿姆斯特丹的水道和陆地与威尼斯相比显现出更为强烈的人工痕迹。它最大的特色为：中间一条运河，两边是道路，路边是三至四层的房屋，每幢房屋的沿街面均为一道竖长的山墙面。从整体上看，运河的两边是堤岸，堤岸上是可以行车的道路，路边的住宅面向运河。这使得堤岸仿佛是两岸住宅楼之间的庭院，运河则是庭院中的水景，似乎庭院也就成了城市的公共花园，堤岸上的路和运河又是城市中的道路。这样就表现出整个城市像一座漂浮在水上的巨大花园。所以，阿姆斯特丹被称为“整体城市”。一般来讲，江、河、湖的堤岸经过了人为的改造，有别于天然的岸线。

（2）人工水体

是指完全经过人工垒砌的水渠、水道、水池或人造叠水等水景观。

### 2. 水景设计要求

城市中的水景是与街道、建筑、桥梁、绿化、驳岸、小品等综合构成，设计中要注意创造以下条件。

（1）近水与亲水

自古以来，水就为人们所喜爱。随着生活现代化程度的提高，人们对大自然的向往越来越强烈。返璞归真、拥抱自然成为大多数人的渴望，而城市中的水体恰恰满足了人们亲近自然的夙愿。因此，创造近水、亲水的条件是为了满足人的生理和心理需求，同时也是水体能给人良好景象的一个前提。因此，设计中一定要考虑加入这一条件。尤其要注意是在一个不太大的环境中，因为如果人离开水面太远、太高或者水质浑浊、有味、少流动，就难以甚至没法体现近水性和亲水性。

当然，亲水和近水与水体堤岸的处理也有关系。如人工水池，其平面形式分规则式和不规则式。当水池平面为规则的几何图形时，池岸一般都处理成让人能坐的平台，使人们能接近水面，它的高度应该以满足人的坐式为标准，池岸面距离水面的高度以手能摸到水为好。这样限制了人和水面的关系，在一般情况下，人们是不会跳入水池中嬉戏的。

相反，不规则的池岸与人比较亲近，高低随着地形起伏，不受限制，而且形式也比较自由。岸边的石头、沙地可供人们坐憩，树林可供人们纳凉，人和水完美融合在一起。这时的池岸有阻隔水的作用，却不能阻隔人与水的亲近，反而缩短了人与水的距离，有利于满足人们的亲水性需求。

（2）注意水体尺度

水的尺度方面要注意水体的宽度和深度设计。从城市广场小尺度水体，放大到城市整体空间来考虑对水体的设计，远要复杂很多。它可以是一个巨大开阔的范围，也可以是一个局部狭小的场地，有时候它主要考虑与人的尺度关系，有时则是以宏观的城市空间为参照。但一般情况下，水体的设计需考虑：当水面宽度超过 200 米时，水体对面景物的色彩和轮廓就会模糊。这时我们可以考虑适当加大对面景物的体量或者缩小水面的宽度，以使人们对岸上景物的观赏能获得一个好的效果，即使是天然的江河水体，也要适当考虑这个问题，因为人们喜欢到水边观景。另外，人工水池的一般水深以 35 厘米为宜，不宜超过 40 厘米，以免发生溺水事件。

通常人们在利用水体造景时，对大面积的水面往往比较重视，不仅比较注意与城市面貌相结合，也比较注意对水体的保护。大水体如杭州西湖，肇庆星湖；中小水体如桂林榕湖，安徽芜湖、镜湖等都是成功的实例。但对于小河小塘，就往往被视作城镇建设时的“阻碍”而一填了之。填河总是以“臭水沟、污染环境”为由，这实际上是倒打一耙，因为这分明是工业、生活污水污染了河水，却反被说成是河水污染了环境。实际上小面积的水不但能美化环境，而且对改善小气候、组织排水都有好处。江南水乡的“小桥、流水、人家”，就是利用小河、小港的优秀典范，每年吸引了成千上万的游客前来观光游览。

另外，如果能在居住区内合理保留、组合这些小块水面，将大大增加居住区的吸引力，也是造成设计特色的一大因素。

（3）搞好滨水带的综合设计

当一个城市处于依江傍海的滨水区域，则有得天独厚的自然景观，如辽阔的蓝天，大片的水面，蜿蜒伸展的沿岸等。滨水地域作为城市的前沿往往也集中有大量的建筑，成为观赏城市轮廓线的最佳位置。

针对规模较大的水体滨水带景观，主要包括驳岸，绿化，小品（雕塑、坐凳、垃圾桶、照明灯）的配合设计。水体岸边不仅是人们观景、游憩的好场所，也是人们亲水、近水的好去处，所以这是水体设计的一个重要环节。

城市滨水带的设计处理，大致可分为两类：一类注重人为景观，其人工痕迹较明显；另一类偏重自然形态，虽为人作，宛若天开。

在滨水岸的设计中，无论是注重人工景观还是自然景观，都要注意避免两种情况：一是采用陆、水、岸三者分离的任何处理方法，三者之间应有一定的整合性；二是采用单调呆板的处理方法。当水体驳岸比较长，可在长直线上设计一些曲线变化，比如突出的眺望台或观景台；在适当地方可以打开缺口，在浅水区设置近水踏步和近水平台，并结合安置一些雕塑小品和休闲设施；在不遮挡视线的条件下，应配合绿化设置，多种植一些树木和花草，从而使滨水带真正成为城市中景观优美、令人舒适的开放空间。

(4) 形成丰富的水体景观

在有条件的情况下，应该采用多种不同的处理手法，形成水体的不同性格，如动水或静水；表现水的不同特色，如规模、大小、颜色、形式、造型等；提供水体的不同用途，如为人们直接利用或观赏利用等。

水体的直接利用和观赏利用主要是指对自然水体的利用。建立水上公园、水上娱乐场、天然浴场、开辟水上游览线等就是对水体的直接利用，它可以将人们观水、戏水、游水融于一体，给城市景观添上无穷情趣。尤其是在夜晚时分，当万家灯火射在水波之上，会产生生动的光影变化，再配合上现代灯光技术，城市将呈现出与白昼迥然不同的迷人景象。如上海黄浦江、重庆两江的夜间游览，就为人们提供了充分欣赏夜景的机会。

自然水体的夜景观，如果再加上人工水体的夜景，那更是美不胜收让人目不暇接。而水体的观赏作用主要是指建立滨水街路。设计的重点在行人视线组织上，并注意保护原有河岸特殊的自然景观，充分利用地形种植绿化植物，并与各种建筑小品有机结合在一起。

对静水的设计重点可以放在对镜像反映的利用上，让岸边的种种景物在水中交融，产生让人叹为观止的瑰丽景观，这却是动水难以达到的效果。

对动水设计应注重灵活多变。比如在一条坡道上，可设计缓缓流淌的小溪，时隐时现，蜿蜒曲折，以打破单调感，增加趣味性；也可将流水贯穿于建筑群之间，营造独具魅力和特色的“运河”景观：还可以创造各式各样、多姿多彩的瀑布、喷泉、叠水，以获得静水无法带给人们的活泼、跳动、激昂、欢欣。由于动水和静水的性格特点不同，所以带给人们的景观感受也就不同，因此两者都不可缺少。

## （二）滨水建筑景观处理

(1) 滨江、河流地段的建筑、街道应尽量采用半边街的布置方式，即建筑主体立面应该向着水面。它能使城市空间和水面空间相互沟通，也能使滨水带形成良好的景观轮廓线。

特别要注意的是，切忌把建筑背面向着水面，甚至把水体作为后院使用的处理方式也不可取。传统的江南水乡城镇例外。

(2) 临水建筑可采用错跌、附砍、吊脚、悬挑、架空等不同方式进行处理。这需要根据建筑的性质，考虑水面的宽度、地形与驳岸形状和环境关系，分别采取不同的处理，以形成生动有趣的景观场景，并能让建筑空间离水更近。

(3) 临水多层、高层建筑宜采用点式或塔式形态，以增强建筑的轻盈和空透之感。如广州珠江边上的“珠江帆影”的布置都是比较成功的范例。

临水地段切忌使用体量高大而造型单调、布置呆板的建筑，更不宜大量地堆集，而应该灵活布置。

临水布置建筑，宜注意江河凹岸构图轴线两侧建筑相互均衡的构图关系。因凹岸视线比较收敛，使空间视线联系很强，所以应注意建筑物之间的相互关联性和整体性。考虑到构图的需要，沿凹线的中点，向水面延伸，可形成天然的轴线。只要注意轴线两侧建筑的均衡性，就很容易获得整体感。

另外，凹岸的建筑通常被处理得比较低平，以让视线能尽量开阔，仅以少量高层建筑点缀在凹岸中点附近。比如上海外滩北部的黄浦江东岸，正好处于一个凹岸处，临江地段修建了黄浦江公园，主要建筑是位于其北端的上海人民英雄纪念碑。纪念碑体量高大，形象突出，是西侧外滩上最高大的雕塑。纪念碑的主要方向正对黄浦江公园入口。除此之外，其余部分保持均质状态，从而使这里的视线比较开阔，视野能够扩展开来。

(4) 借助凸岸的表现力，获得良好的外部景观，凸岸线的视线是扩散的，空间视线联系较薄弱。但它有一个很大特点，即凸岸伸入水中，尤其是凸岸的尖端部分非常具有表现力。所以应在这里设置标志性建筑物，使其成为景观视觉焦点。

(5) 沿河两岸建筑景观的设计，应结合水面宽度考虑。沿河两岸景观的联系程度，是依河道宽度而改变的。当河道较窄时，河岸上的行人能够比较容易地同时感受河岸两边建筑的风貌，彼此联系密切，这时一般要求两岸建筑不仅在风格上要协调一致，而且还有必要像设计街道两边的建筑一样，把河道两岸的建筑作为整体来考虑。在水体既是河流又做运输水路的城市中，这是最为突出的，如威尼斯、阿姆斯特丹等城市。当河道很宽时，特别是当两岸的高度不同时，两岸建筑物彼此之间联系就较弱，这时人们也难以在河岸一侧同时感受对侧。因此，设计时没有必要再去强调两岸建筑的统一协调，应该重点考虑对景观轴线以及观景点的设计。通过沿岸街道和主要建筑的安排，通过桥梁、绿地及观景点相互交错与彼此呼应的布置，来加强两岸的视觉联系。

上海黄浦江两岸以不同时代、不同风格的建筑景观而著名，西侧是海派文化的历史建筑形象，东侧则是改革开放以来反映上海城市建设的现代建筑形象，而最佳观赏点就在外滩绿地。这是一条景观观赏轴线，它沿黄浦江西岸南北延伸，且两岸主要通过它连在一起。由于两侧景观是逐渐展开的，人们一般边行走边欣赏，所以轴线上提供了足够宽的连续的散步道。当人们散步在江堤上，可以毫无遮挡地欣赏到两岸不同的建筑形象，这时两岸的建筑如一幅长长的画卷徐徐展开，步移景变，吸引着人们的目光：在轴线适当位置设置有不同形式、结合座椅设置的观景平台，它们均朝向江面，使得人们在休息的同时也可欣赏两边的风景。

另外，外滩绿地本身的视觉形象也比较丰富，为了能让人们一览无余地欣赏到两岸景观，设计将整个堤岸加高，并将堤岸分成上、下两层，堤上以满足人们休息、散步、观赏两岸景观为主要目的，设施比较简单，有散步道、花坛、护栏、座椅、平台；堤下则布置了比较齐全的各类服务设施和景观设施，有餐饮、摄像、售货亭、售报亭、卫生间以及雕塑、喷泉、浮雕、广告灯塔等。堤上和堤下用坡道和台阶相连。总之，外滩景观轴线的布置很好地解决了人和空间的关系，满足了人们的视觉要求和服务需求。但是，堤岸的提高也使人们的亲水性受到影响，同时堤岸上缺少遮阳设施以及较高大的乔木，无法满足人们在盛夏享受美景的目的。

对观景点（台）的设计相对比较灵活。首先选择视野开阔的地段，然后可结合制高点设置；例如，可利用水边空地设置，可在滨江广场上设置，可对岸边护栏向水面凸出一部分设置。这样人们可以借助较多的点观赏景观，或登高望远，或凭栏远眺。但要特别注意岸线护栏的牢固设计，注意护栏的高度和质量，高度一般至少 1 米，以此确保人们的安全。若地势较低时，为了提高视点，可以修建眺望台、眺望楼或眺望塔，供游人远望或俯瞰。

## 三、植物

### （一）植物的景观作用

人类的食物来源于植物，衣物来源于植物，居住也始终离不开植物。人们现今所处环境的人造物越来越多，而人们希望消除人造物的粗糙及冷硬的感觉，因此，开始追求大自然的天然产物，而植物便是美化环境、制造景观的最佳要素和重要手段之一。从美学观点看，植物本身具有视觉美、触觉美、嗅觉美、听觉美、变化美、情趣美及意境美，是很好的观赏对象。仅就视觉上造成的美感而言，树干有多种不同的优美姿态，而整体上又表现不同的体形；花儿有各种不同的鲜艳色彩，不同的色彩又给人不同的情感和氛围。

植物本身还是一个三度空间的实体：枝叶繁茂的大树树冠，各种爬藤植物形成的篷架有若屋顶，平整的草皮如同地板，而绿篱就像隔墙一般。因此植物也有一般建筑元素的特征，具有构成空间的功能。

在制造空间的效果上，植物有着十分灵活的变化。比如植物高度不同，就有不同的空间效果。如踝高植物只有覆盖地表的感觉；膝高植物就有引导的作用；腰高植物可作为交通控制之用，并有部分的包围感；胸高植物可以分割空间；而高过眼睛的植物则有被包围的私密空间感。又比如，夏天浓密的树林会造成一个单独的内在空间，封闭感较强；相反，冬天落叶林的视线会穿透树干，给人以空旷辽远的感觉。

总之，植物在造景方面是千变万化、不可或缺的，它可作主景，可作陪衬；可孤植，可群植；可成片布置，也可线状延伸；可高可低，可疏可密；可平面栽培，也可立体布置。只有设计得当，才能创造出动人的景象。

### （二）利用植物组织景观

1. 利用植物创造空间形态和不同的景色

在城市景观设计中，可利用植物遮挡、围合，组织空间景色。

2. 利用植物创造不同的空间气氛与意境

把植物的种类、颜色、体态等，通过不同的种植栽培，就会构成不同的空间氛围，获得其他景观要素难以比拟的效果。不同花木有不同的象征意义，松柏象征长寿；莲花喻义出淤泥而不染；牡丹称国色天香，花中之王，喻义高贵；菊花比喻高傲、雅洁；竹子比喻高风亮节的气质等。

由植物创造的氛围、景色和效果，以及它给人情绪上的感受真是变化多端，的确是营造景观的好素材。但需指出，在利用植物组织景观时，应充分考虑其种植形式。特别是乔木，既要考虑种植形式，还要考虑树种的选择和树木的生长习性，是否和该地域的气候和场地的气氛相适宜，其外形如何，不同季节有何变化等问题。

#### 3. 利用植物创造和谐的城市景观

（1）对城市整体而言，利用植物绿地作为自然环境与人工环境的媒介，可将自然环境的山、水、地貌以及风景名胜古迹引入城市用地，使人工环境与自然环境取得平衡和协调。如国外的巴黎、柏林、新加坡、莫斯科、旧金山、伦敦等城市就做得很好；国内的西安、南京、青岛、合肥等城市也做得较好。它们都是利用环形、带状、楔形绿地，将市区、郊区连成一体。

（2）开辟沿江、河、湖岸绿地，增加人们亲水、近水的机会。

通常水岸绿地应设计为一定的开敞绿地空间，面向水体，视野开阔无阻；绿化的布置以不妨碍水上和岸上的借景、对景为准则，树木的排列疏密有致，不宜平均、单一或没有重点，要使植物能遮挡住建筑物的局部或有损景观的部分。

（3）利用绿化树木缓和不同空间或建筑物之间不协调的关系，形成“中性过渡”。

我们常常可以利用植物在不同场景、空间、建筑之间起调和作用。另外，像道路上的行道树即形成了人行道与车行道不同空间的过渡。

（4）利用多种绿化手段，扩大城市绿化覆盖率，提高城市景观质量。采用见“空”插“绿”或垂直绿化等方法，可以十分有效地加大城市绿地面积，提高绿化覆盖率，使人们能够接近大自然，同时也能为城市景观增添情趣与特色。

### （三）设计中应注意的问题

#### 1. 注意植物的生长对景观效果的影响

植物是有生命的，景观设计中要充分考虑时间因素和树木的成长情况。因为植物年龄和四季的变化会直接影响到景象的形态、颜色、尺寸比例等的变化和景观的效果。

#### 2. 注意突出绿化的地方风格

绿化树种植应以当地优秀的乡土品种为主，因为这些乡土树种适合本地水土，生命力旺盛，容易成活，且节省投资，对突出地方风格和地方形象也有积极作用。

其实，要创造异地风光和特色，用植物来加以体现最好，也最容易做到。比如在北京奥运村的花园里就种植了亚热带的棕榈树（采用盆栽入土，冬季收藏），在北国之都，展示了南国之风。

### 3. 因地制宜进行绿化，丰富植物景观

因地制宜绿化通常应借助自然地形展开丰富的植物景观，创造立体感强的城市绿化轮廓。

另外，可在石壁或堡坎等处种植攀缘植物或垂蔓植物，以此形成多层次的植物空间，起到护壁堡坎作用，减少水土流失。

### 4. 尽量保留原有树木，体现古树名木价值

古树名木是一个国家或地区悠久历史文化的象征，具有重要的人文与科学价值，它不仅对研究本地区的历史文化、环境变迁、植物分布等非常重要，而且是一种独特的、不可替代的风景资源，常被称为“活的文物”和“绿色古董”。

在城市绿化布置时，特别要注意保护一些古树名木，它们的景观价值不仅表现在视觉上的优美形象和苍劲古拙，还在于它们能带给人们回忆乃至对历史的回味，是人类和城市的财富。对待古树原木仅仅是保存还不够，还应该增强它们的观赏价值，同时体现文化与精神价值。

除了对古树名木进行保护，对城市原有的树木也要尽量保留下来，哪怕是枯树也可以巧妙利用，形成独特景观。

### 5. 利用自然景观元素，创造生动的城市景观

一些自然景观元素如阳光、风、云、雨、雪等都是创造城市景观可资利用的自然景观元素。如果绿化设计中能巧妙地利用它们，将有助于形成生动的城市景观。

（1）注意植物在不同光线下的色彩变化，柔和的光线为植物罩上了一层神秘色彩。

（2）临街建筑旁的树木在形体、颜色上起到了陪衬和美化作用，借助蓝天、白云的衬托，才更显建筑轮廓之美。

（3）利用高大的乔木构成夹景，将远处的蓝天白云借入画中；借用反射水池及光影作用，将天空、植物、水体融为一体。

（4）碧绿的草坪被白雪覆盖，变为白茫茫一片，构成了另一番别致的场景。

总之，植物造景应该注意和其他元素配合，除了这些自然的景观元素之外，还有建筑物、构筑物、道路、水体、小品等。植物与它们相互配合，互为衬托，才能形成良好的城市景观。

因此，在城市景观规划设计中，无论是宏观或者微观的规划设计，均应注重自然植被的保护和利用。从宏观上来看，首先要注意在开山、整理基地、修筑道路时如何好保护树木。据规划师们介绍，他们在考虑公路选线时，不但要根据交通量设计横断面，考虑利用地形，而且还十分强调道路与周边自然植被的配合。有时为了一片树林，甚至一棵有价值的老树，会特意让公路绕线，形成一个大半径的曲线，让树木位于曲线的曲率中心，这样公路沿线都可以把它们当作视觉的焦点，效果远比在树下直线穿过要好。

从微观上看，要使建筑物、庭园、街道和原有植被保持良好的关系。一般来讲，希望

把建筑物、道路“种植”在树木之间去，不宜靠砍伐树木来“清理基地”。德国对树木的保护很严格，要砍一棵较大的树木，必须要经市议会批准。

对于新种植的植被，应仔细考虑种植形式是孤植、群植还是行植，并要考虑树种的选择，树木生长习惯是否与当地环境相符、是否与该处的气氛相宜，新植树木的外形及不同季节的变化，成熟或衰老后的改变。这些都是设计师需要考虑的工作内容。植物是有生命的景观，所以设计师需要充分把握好植被的设计。

## 第二节　人文景观要素及其设计处理

城市人文景观主要是通过建筑物、构筑物、道路、雕塑、小品等来反映，它包括历史的、现代的、新的和旧的景观元素。

### 一、建筑物

建筑物是人文景观最常见、最多见的内容，也是构成城市景观最重要的因素，它在景观的塑造中起着多方面的作用。比如，作为围墙、背景、屏障；组织、控制、统领景观；强调景观特色与形式等。然而，建筑的景观作用并不是孤立存在的，而是处在城市环境之中的。当人们漫步在街头或小巷，广场或道路，实际上是置身于连续的、流动的建筑群空间中。展现在人们眼前的空间景象是渐次变幻、移步换景的，而非静止、凝固的。因此，城市中建筑景观美的创造，应从整体出发来加以考虑。

#### （一）城市建筑物分类

总体上城市建筑物可分两大类：一类属于重要建筑，一类是普通建筑。

重要建筑一般是指大型公共建筑物、纪念性或历史性建筑物，它们在城市建筑群中起中心作用，常为视觉的焦点。通常，在城市空间环境设计中，建筑实体本身主要起着制造空间的作用，而这类建筑则可能占据空间，它们作为空间的主题，起着控制与整合的作用。这类建筑常常位于重要地段或显要位置，有充分开敞的空间供人们欣赏，以显示它们的存在及其影响力。对这类建筑物在景观设计上主要有以下要求。

（1）研究建筑高度与形体对景观的影响，包括对天际轮廓线的影响，对城市空间结构的影响以及与环境协调等。

（2）结合大量的街区建筑物的布置，形成尺度与体型上强烈的对比，使景观富于变化。要避免采用过大的建筑尺度造成视觉上的不舒适感。

（3）反映出城市的个性与风貌，要求质量要高，且能较长久地保存下来。

城市中绝大多数建筑属于普通建筑，也即街区建筑，这些建筑常常是由几种基本模式重复地、呈地毯式布置，形成街坊或组团。这类建筑在景观意义上主要在于组织好它们的布局，起好基调作用。它们可以用于围合、完善空间环境，点缀重要建筑物，也可以组合成一定的街区风貌。

巴黎旧城区的一个街区，新建筑为了保持原有的街道线型空间，均贴着地块红线建造，其建筑形体与周边建筑不同，形成了具有一定特点的街区风貌。尽管这种占满用地边线的方法有些极端，不一定要学习，但却能给人以深刻的印象。

在布局空间较好的城市中，重要建筑和普通建筑在城市中的比例一般是 1 ∶ 10，而且普通建筑占建筑总数的 90% 以上。那么城市中应该是绝大多数的建筑负责制造空间，只有少数真正有价值的重要建筑才可以占据空间。但在城市不同性质的区域中，这种比例关系会发生变化。比如，在一般的住宅区，可能 98% 的建筑被用来制造空间，只有 2% 的建筑才能占据空间。而在城市中心区，占据空间的建筑比重会大大增加。在一些个别区域，则采用一种折中的办法，将建筑彼此并置，每幢建筑既各自独立，又相互依靠，占据空间的同时也制造了空间，一个区域内的建筑都比较重要，很难分出等级。在这种情况下，选择格栅式平面和几何图形式平面进行设计比较合适，华盛顿和纽约的中心区就是采用这种设计方案。

通过了解一些典型的城市空间，人们进行城市建筑布置时，可从中获得较多启示。

（1）高层建筑或者大体量建筑集中的区域，路网规划要适度规整，用地的形状也要适度的规则。因为这时对建筑的处理变化比较丰富，以使在变化的空间中表现出一定的秩序，否则难以取得统一协调。

（2）小型建筑集中的区域，路网要富于变化，要做到自然一些。虽然建筑平淡，但街景活跃，街道空间丰富。街边建筑随地形弯曲变化，建筑虽朴实无华，却能使空间的形体效果得以突出。

（3）体量大但层数不多的建筑可以化整为零，以点型、线型组合散开布置，即伸展式建筑。

（4）小体量建筑之间要有关联感。

（5）整体来看，大体量建筑或许是小体量建筑的组合，小体量建筑或许是大体量建筑的局部。

## （二）城市建筑的景观特性

### 1. 连续性

从景观角度而论，孤立的一幢建筑只能称为一件建筑作品，而将数幢建筑放在一起，就能获得一种艺术的感受，群体建筑给予人的体验是单个建筑无法做到的。

由于城市中的建筑基本呈群组出现，因此当人们运动于城市空间中，可以感受到建筑在方向和形式上是连续的，即城市建筑向人们展现出一幅动态连续的画面。

应该说，比较好的城市景观，随着人的视觉转换，也能够展示一幅由连续的画面构成的景观长卷。

2. 诱导性

一个为人而设计的城市空间应充分考虑人的运动。在人们经过的地方，都应该配合各种机能进行形态设计。同时，行人在城市空间中的运动行为会因界面的连续而诱发行为的连续，因界面的转折而诱发行为的转折，因界面的中断诱发行为的停滞等。因此，对城市建筑的设计要考虑到这一特点，以便为人的运动提供良好的诱导作用，实际上也会让人得到良好的视觉效果。如在商业街设计中，抓住行人右行的习性来安排商业铺面和进出口，效果最佳。

3. 轮廓线

城市建筑以天空为背景时所显现的“图形”即为建筑的轮廓线，它对于创造城市景观起着十分重要的作用。

对于建筑的轮廓线，不太强调单体，而是注重它们的组合效果。现代城市的轮廓线大多都不令人满意，有些建筑本身虽好，但它们组合在一起时，也即拥挤在一起时，则互无关联或互相妨碍，常常构成了杂乱无序的轮廓线。在某些城市，新的建筑又常常破坏了原有生动、优美的轮廓线。因此，有这样一种评论“不好的建筑往往形成好的城市景观，但好的建筑经常组成不佳的城市景观”，这里所说“不好的建筑”主要指旧建筑，好的建筑是指新建筑。这一议论当然不是在提倡“不好”的建筑，而是强调建筑应对城市景观做出积极贡献，而不是消极的破坏。这也是我们在建筑景观设计中必须重视的问题。

## （三）建筑景观设计要点

1. 重视建筑屋顶对城市景观的影响

屋顶是建筑墙面向上的延伸，也称建筑“第五立面”，即建筑屋顶面。屋顶的美学功能在建筑创作中越来越受到重视。它在各个时代以及各个国家和地区表现出不同的特征，能够充分体现地区特色与城市风貌，并且具有强烈的象征意义和审美价值，是值得在造景中加以重视的对象。

无论是在国内，还是国外，许多精美的古典建筑的屋顶轮廓都具有很高的艺术价值，反映着人们对天的认知与亲和方式。装饰的曲线，雅致的图案，漂亮的屋脊轮廓，与天空相映衬，建筑耸立在苍穹之下，以天空为背景，建筑与天空融为一体。

然而，在现代城市中，屋顶轮廓往往比较平淡，我们见到最多的是板块式建筑以及它们生硬的轮廓线，而这些轮廓线往往破坏了环境的整体性，使得建筑与天空完全隔开。其实，这种板式建筑不仅会破坏轮廓线，而且在城市空间中，尤其是山城空间，它还会遮挡人们较多的视线，所以在城市中应尽可能避免板式高层建筑。

根据人的视点高低，建筑屋顶对于空间景观的组织所起的作用却有所不同。

(1) 低视点情况下(即人在地面上的通常视点)

当建筑为4层以下时,坡屋顶有向空中延伸和广阔的感觉,容易为人所看到,因视觉饱满,对象不脱离视线,因而会产生愉快、亲切的感受。同时坡屋顶能坦露“安居感”,并有较为独特的形象,易与环境协调,形成良好的景观。但是4层以下的平屋顶就得不到这样的效果,人们会产生相反的感觉。

在现代城市中,四层以上的建筑是最多的,成为建筑的主体。因此,若不对平屋顶进行适当的设计处理,特别是当平顶建筑比较集中,必将出现单调乏味、缺乏艺术美感的屋顶线。所以,对较高的平顶建筑,设计中应大胆地发挥坡顶的随意性,巧妙地把技术设备层,如通风和电梯井顶与造型相结合,平顶与坡顶相结合,采用层层后退、逐层收缩、不规则的退台或顶部特殊处理的方法,也能创造出一些新的建筑形象,丰富城市空间景观。同时,让人们在惯常的低视点情况下,也能获得较好的感受。

(2) 高视点情况下(俯视)

当人们处于俯视状态下,对建筑屋顶常常是一览无遗,建筑第五立面的效果会被充分显示。因此,屋顶的面积、形式、坡度、材料、做法、色彩以及整体效果对空间景观组织影响较大,设计中应予以充分的重视。特别是在现代城市中高层建筑日益增多的情况下,人们登高观景的机会愈来愈多,不少城市还设置有专门供人俯瞰全城景观的观景点,所以在这种情况下,对建筑屋顶的设计同样要求多种手法相结合,以形成多姿多彩的屋顶轮廓,为城市空间景观的组织起到好的作用。

如果屋顶没做特意的设计,就应该在屋顶安排绿化或设计屋顶花园,从而丰富视觉景观。这些年来,我国的一些城市、城镇也十分重视建筑屋顶的设计,使得城市面貌得到很大的改善。

### 2. 重视建筑色彩与质感的视觉效果

建筑除了实体造型(包括屋顶轮廓造型)和构成空间外,影响视觉的因素还有材料的质感、颜色等方面,它们不仅是建筑立面的基本内容,也是形成城市空间特征的重要因素。如果两座建筑立面的形状一模一样,而材质、色彩迥异,其空间效果就可能大相径庭。

在建筑景观设计中,强调其颜色和质感还有一个重要原因:建筑的色彩和质感往往是地域文化的一部分,它们可以表征建筑和城市的特色及个性。比如东西方文化的差异反映在建筑风格上就有极大差异。在欧洲许多城市,包括巴黎、伦敦这些国际大都市,在城市建设中都十分注重保持自己的风格,如20世纪五六十年代的方盒子高层建筑也是以石材为主。

这说明,色彩与质感以及特定的建筑与城市文化有着特定的联系,我们可以从中感受到不同时代和地区的文化气息,也提醒我们可以利用这些联系去创造特定的建筑和城市文化环境,即创造城市的特色景观。

需要注意的是,在大城市中,如果没有巨大的背景因素,大片建筑如果采用单调、划一的色彩是违背视觉规律的，同时过分的五颜六色又走向了另一个极端。比如，冰岛的首都，如果不是处于其特定的地域环境，这样的五颜六色会让人感到有些杂乱无序。

但是，在城市的局部区段，尤其是为了保持城市原有特色的地段，采用多种颜色也是可以的，但必须在多样之中求得统一。如意大利某个城市的建筑立面色彩有多样不同的变化，但通过白色的门框和窗框取得了统一；又如巴西某城的旧城区，建筑立面的颜色更加缤纷多彩，同样也由白色线框来获得统一感。

同理，在材料质感方面，单一的砖石和单一的玻璃均不适宜，前者会使人感到过分沉重，后者则让人觉得轻飘。因此，凡事应该寻求一个平衡，追求极端是不可取的。

### 3. 重视建筑的主从关系

城市中成千上万的建筑是构成城市空间最主要的实体，而建筑本身也正是在城市空间中展示自己的风采。

通常情况下，作为实体占领并构成空间的建筑，自身表现十分突出，比如悉尼的歌剧院、建在山顶的塔等均属于这类建筑，它们个性很强，是这组空间的主角。

而仅仅起围合作用并制造空间的建筑，则有些是主角，有些是配角。例如，圣马可广场上的大教堂，它既是围合广场空间的一部分，又是广场建筑群的主角，其他则属于配角。也就是说，在这类建筑中必定要有主次之分，不能每幢建筑都成为主角。俗话说“红花还需绿叶配”，如果鲜艳的红玫瑰没有一片绿叶相映衬，它会显得孤单，甚至失真，同理，主角建筑的风采也需要通过衬托才能充分体现出来。倘若几个相邻的建筑不分主次地各自过分强烈地表现自己，结果必然会互相冲突，影响到空间环境的整体效果。

## 二、街道与道路

街道和道路是一种基本的城市线性开放空间，它既承担了交通运输的任务，同时又为城市居民提供了生活的公共活动的场所。相比而言，道路多以交通功能为主，其空间与周围建筑关系比较疏远，一般为纯外部的消极空间，如城市中的交通性道路。而街道虽然也综合了道路的功能，但它则更多地与市民日常生活以及活动方式相关，如生活性道路、步行街等，其空间由两侧建筑界定，具有积极的空间性质，与人的关系密切。大部分城市中，街道的面积约占城市总用地面积的 1/4，一般旧城商业区街道密度较大。所以，街道普遍被看成人们公共交往及娱乐的场所，也就成为景观规划设计的主要对象之一。城市中交通性道路和生活性道路在设计时有所不同。然而在实际规划中并未将二者截然分开，因为它们都是城市中的带状空间，除了那些性质单纯的道路，如专门的步行街道和自行车道，都要产生人行交通、车行交通，而要严格区别并不容易。

## （一）街道的景观作用与特性

无论是道路还是街道都是穿越城市的运动流线，都是提供人们认识城市的主要视觉和感觉场所，所以也往往是城市景观集中反映的场所，其景观的作用和特性如下。

### 1. 时空性

街道空间是由两边建筑所界定而构成的城市空间的主要部分，而空间的连续性是城市建筑景观重要的特性之一。不仅如此，好的城市景观，其空间变化也应该是连续的，即城市建筑和城市空间都讲究连续性。然而，这种连续性常常是依赖街道的时空变化，或者说是建立在街道的时空概念上来体现的，即需要通过街道的连续变化建立起建筑与空间的秩序。

因此，进行街道设计时，必须考虑其段落、节奏、高潮、尾声等的变化处理，着眼于一系列变化形象的创造，为人们提供美好的视觉转换，培养情绪、气氛，给予方向感等。这样才能构成空间或建筑不断变化的连续的画面，形成良好的街道景观。而在通常充满丰富美丽景象的街道中进行活动时，人的主观上会感到时间过得很快，时间在不知不觉中流逝，愿意多停留一会儿。好的街景对于人的吸引力是较大的。因此城市空间能否吸引人们前往活动，景观的处理是很重要的。

### 2. 广袤性、复杂性与趣味性

街道为人们的运行活动空间提供了轨迹，当人们运动其中，便使所有景物都处于相对位移的变化之中。这种由于视点的变化而产生视距和形象的变化，使其景观更具有广袤性、复杂性与趣味性。这实际上就是人们动态观赏街道景观带来的步移景异的效果。在这方面，直线形街道景观效果较为直接，而曲折形、起伏形街道景观就更富有变化，会让人感觉走在一个连续的内空之中，趣味性更强。

## （二）街道景观设计

街道景观是构成城市景观特色的重要一面，它既可以作为城市主要景观的对象，又是城市景观的窗口，还可以成为景观的视觉或视线走廊。因此，街景的规划设计从来都受到人们的特别重视。

### 1. 街道景观的构成

街道景观主要由天空、周边建筑和路面构成。天空变幻，四时无常。街道路面则起着分割或联系建筑群的作用，同时也起着表达建筑之间的空间作用。路面的材料有多种多样，如石板路、卵石路、沥青路、砖瓦路、地砖路、水泥路等，这些材料在材质质感、组织肌理和物化属性上各不相同，进而形成丰富多彩的街道路面形式和景观。

在大流量的城市交通性道路上，一般多用沥青或混凝土路面。但居住区内常以生活性道路为主，即通车车流量小，且需要限制车速，所以路面也可以不限制这两种材料，比如石块路、石板路。

我国江浙一带一些城镇习用“三线街”，即中间为块石路面，两侧用立砌的青砖；还有“石板街”。它们不但对保存历史风貌有重要作用，而且在路面排水、渗透方面也有独特的优点。

在城市的步行街上常采用彩色预制混凝土块铺砌，形成“五彩路”。如果在混凝土块之间植草，更可以增加特色，其目的是为了吸引人们在这里行走。

在街道景观设计中，周边建筑在如何处理好建筑形体和空间环境秩序连续性方面起到至关重要的作用。街道景观的连续性包括建筑设施，乃至建筑的风格、尺度、用材和色彩等方面内容。在设计手法上，其变化方式更为丰富。

除了以上的构成内容外，街道绿化和街头家具也是构成街景不可缺少的成分，它们对于丰富街景面貌，强化艺术氛围，增加人情味，提高趣味性等方面起着十分重要的作用。

### 2. 街道景观设计要求

（1）街道需有明确的景观氛围

在进行街景设计之前，必须根据城市景观系统规划和历史文化环境保护规划的要求，或根据城市总体规划的要求，在明确了街道的功能性质、红线宽度的前提下，对所规划街道的环境气氛要求进行分析，根据其热闹、喧哗、宁静、祥和等特性来确定其景观主题。比如，是体现城市历史文化环境的街道景观，还是体现城市现代化气息的街景面貌；是热闹、繁华的商业街，还是车辆频繁的交通要道；是居住区内部的街道，还是城市中的生活性道路。因为步行街与人车混行街、传统性街道与现代道路，它们在规划设计上都是有所不同的，只有弄清楚以后才能对症下药。

（2）掌握街道景观的静动协调

首先，街道景观设计是在满足人、车使用功能的前提下进行的，为确保景观效果，需要协调好静态景物与动态交通流之间的关系。

静态景物是指构成街景的内容成分绝大多数为一种静止的状态。街道空间是城市的主要公共空间之一，人们需要在此获得交往条件和景观享受。人们来到这里后的运动方式有两种：即步行和车行，由此产生人流、车流或人车混流的动态交通流。

步行运动是自发随意的，因此对景物和环境的感受也是随意的。在步行空间，行人可以自由地观赏景物，视点移动是任意的，并可根据需要而随意停止。所以，在步行空间中，景物的变化节奏较慢，人们会感到线性空间变长了，景物间距加大了。

而车辆的运行却是连续的线形，具有明确的方向性和固定的速度，不能任意停留。视点随车辆发生位移，不能集中对某一景物作长时间的品评。各景物被视线连续或急速地形成画面，这是因为交通工具速度较快，给人的视觉感受是节奏加快，空间缩短。因此，即使景观、景物各具特色，获得的景感也只是整体轮廓。另外，受交通工具观景口（车窗）所限，视野不能完全包含景物，并且对街景的观赏通常只是一个侧面。

尽管行人和车辆运动的速度不同，但人们对街道上各种静态的景物得到的是动态景感。人们还可以从动态线形交通流将静态景物连续起来而得到街道景观的总体印象。由此，街道空间的静态景物应该以动态交通流的连续运动作为设计的依据，根据交通流的快慢确定景观的变化节奏，处理好景物间的比例、尺度、造型、色彩等，使静态景物与动态交通流之间关系协调，让人们在运动中欣赏到一幅完美的动态画面。

人与车的运动速度相差较大，一般来说，人运动的速度与其视觉感受是成正比的。人的运动属于慢节奏，而车的运动是快节奏，那么对于性质单纯的街道比较好处理。一般情况下，城市的交通干道、主干道应该按照车的中速和慢速来考虑街景的节奏，同时又兼顾行人的视觉感受。为了统一这些矛盾，建议在街道建筑的体量关系和虚实对比的节奏上拖得长一些，以适应车行的节奏；而在接近人们的店面，建筑的一、二层楼的装饰，则按步行的节奏进行设计，其体量与虚实对比变化节奏要短一些。

另外，景观尺度与街道宽度也有一定关系。一条街道两侧的建筑、雕塑等景观尺度与其宽度存在的关系，须从街道景观的整体上来加以考虑。

（3）注重街道景观的整体性

街景规划应将全街视为一个有机整体，建筑、路面、绿化、家具等都需要根据景观的气氛要求进行统一布局设计，以使各部分融合为一个有机和谐的整体。

一条街的整体性，表现在建筑风格、建筑色彩以及建筑装饰“语言”的统一性上，但“统一”并不是要求全部都统一。建筑的体量、高低、进退、线条、色彩可以多变，但总体风格应力求统一。否则古代的、现代的、中式的、西式的等建筑混杂，在建筑语言上“南腔北调”是难以构成整体性的。

一条街的整体性还体现在街道绿化的统一风格基调上。如植物的种类、姿态、大小、颜色、高矮、疏密、搭配等，都要做到变化与统一相结合。为防止环境出现杂乱无章现象，要注意绿化与建筑协调，变化不宜过多。在重点地段可适当点缀一些花草、盆栽，以丰富景色。尤其是对比较窄的街道，必须谋求林荫化，创造出一个以绿化为中心的街道景观，以绿化来获得街道的整体性。

街道空间是人们从事社会活动的场所，街道绿化对人们的活动起着庇护作用。如果将道路边界比喻为海岸线来看，街边绿地对于行人来讲就是一个具有防波堤的避风港。因此，有良好绿化的道路会对人们产生很大的吸引力。

而且，街道家具对于一条街的整体性也是不容忽视的。岗亭、灯柱、公交候车廊、围栏、雕塑、座椅、电话亭、垃圾桶、饮水台等的设计与布置，都应该与街道的景观环境相结合，以丰富街景。

此外，家具的设计布置还可以为街道景观起到弥补的作用。例如，城市的商业街道其建筑立面、墙面、橱窗、货架等总是显得五光十色、变化多端，为的是营造一种活跃、热闹的气氛。为了保持这种气氛，又要避免杂乱无章，于是常常采用同一色彩基调来设置室外家具，包括对地面的铺装，以取得整体和谐的效果。

（4）街景须注重节律变化

一条街的规划，可视为一首乐章，要有序曲（街头、过渡）—高潮（重点）—尾声（街尾），才能形成富有变化的韵律，决不可采用平铺直叙的均匀布置，那样会使街景平淡无奇，单调乏味。

在组织空间系列上，街道应有一个完整的空间组织结构，形成一个由前景—高潮—后叙空间组成的有起伏、有节奏的空间序列。

在人流、车流来向较明确的地方，以及在人、车驻留时间较长、频率较高的地方，如车站、大型商店、大型公建、游园、广场等地方要作为重点布置，比如场地宽阔，绿化增强，建筑体量、色彩和夜色灯光突出，灵活运用城市标志、雕塑、小品、广告塔等，构成节点型空间，形成街景高潮。其他路段配合高潮段做一般处理，但对城市的重要街道，其两端也需要做节点处理。这样才会使街道景观有节律变化，有起有落，令人回味无穷。

在步行商业街特别应该按照人的活动规律组织好空间序列，即由前导—演进—高潮—后叙空间组成，与音乐交响乐曲如出一辙。

前导空间是空间序列的前奏，在形成和空间环境上应具有突出的提示作用，以吸引人们达到“先声夺人”的目的。它可以是一个向里凹进的广场，可以是一个“门”式的构架，也可以是牌楼、标柱、过街楼，还可以是带透明顶盖的街道空间的一部分。这种处理最容易取得效果。

演进空间，为步行街的主体。一般由街道、小巷等组成，它是空间序列的诱导过程。高潮空间，也称为主题空间。一般由重要建筑物和广场构成，前导空间和演进空间输出的全部信息在此进行整合和强化，使主题信息更为突出。能否使空间进入高潮的关键有两点：一是突出主题；二是组织好人看人的共享环境。

后叙空间，是步行商业街高潮后的余音和补充，在尽端处通常布置广场，以示结束。也可作为步行街次要人流进入的开端。

### 3. 街道线形与街道景观

从美学角度看，道路的线形对道路的美观是很重要的。常言道，人们的才智与直线有关，而感情却与曲线相维系。画一条直线，你只能从头脑中得到一个简单的感受；倘若画一条优美的曲线，你则会从心底里感受到美。大自然主要呈现出曲线形态：海洋的波涛起伏，山峦的横亘延绵，天上的白云悠悠；脚下的流水潺潺，从中绝对找不出笔直生硬的线条，而给人以行云流水般的柔感。但考虑到道路美和道路交通的需要，城市中就有了曲线与直线形式以及更多线形并举的道路。尤其地形复杂的城市，如重庆山城的城市道路，结合地形地貌产生了许多线形不同的街道：之字形、S形、单曲线、复曲线、凹曲线、凸曲线等，复杂的地形地势形成了复杂的道路线形，便成为山城景观的一大特色。

不同线形的街道景观也不一样。直线形的街道空间从透视情况看只有一个消失点，近处的景物大，而远处的景物急剧变小，从而得不到充分的展示，而且大体保持对称形式的景观构图。当人们沿街远望，也常常受视线、视角的限制，很难观赏到较长地段的景观。对长而直的街道景观设计，主要在两侧建筑上做文章。如利用建筑的立面造型、高低、进退、色彩等形成较多的变化，再辅以道路绿化使街景得到丰富。为了防止人们在这样的道路上行走感到冗长乏味，可运用轴向景点的布置手法，在长而直的街道上分段设置标志物，犹如文章长句中的标点符号；还可将某个标志点予以重点处理，布置更为突出的大型雕塑或巨型灯柱等，像文章中的惊叹号，给人振奋感。当然，标志物的设置形式应根据当地的具体条件、要求和特色进行布置。而在交通繁忙的干道上不宜多置标志物，因为它会分散人的注意力，惹人在此逗留，影响到交通安全。也可以在垂直道路的尽端设置底景，底景可以是高大建筑物，也可以是纪念碑、高塔，也可借助于郊外的风景等。当采用大型建筑物作底景时，常常给人以封闭感，但有利于强化主体建筑的形象。若采用轮廓优美的小型景物，简洁、细高的建筑或者纪念碑作为底景，则会显得开阔、轻快。

曲线或折线形的街道空间，随着街道空间方向的变化，街道两个侧界面的景观有较大差异，一个侧界面急剧消失，另一个侧界面得到充分展现，景观构图带有明显的不对称性。这种形式的街道景观是富于变化的，且比较含蓄，因为转折处的景物随视线的移动逐渐展开，而非一览无遗。景观设计时要特别注重在弯道外侧利用建筑、景物成为底景，让人们在曲线运动中，欣赏到渐变的景象。同时注意对曲线外侧的街景处理要适当封闭，以避免人的视觉涣散，也能起到视线的诱导作用。

无论从交通或景观角度来看，大曲率半径的线形都比直线形更优，因为直线形容易使司机精神疲劳，放松警惕，增加发生事故的可能性。而曲线形道路还会使沿街空间变得丰富起来。

另外，为了在街道上创造动态变化而又连续的视觉环境，通常使用对景和借景的手法，把道路沿线附近的景观对象有机地组织起来，互为因借。

#### 4. 沿街建筑物的布置

街道两侧的建筑物是街景的主要表现对象，其立面形式、高度、细部处理、具体布置等方面都会对街道景观产生影响，它的设计重点，需注意以下几点。

(1) 沿街各建筑之间宜多留空隙

建筑与街道平行布置易形成街道气氛，利于表现建筑物的主要立面，创造室内外结合的条件。但这种布置也易造成空间变化较少，可能影响到街道的日照、通风等。为此，可在建筑物间适当留出间隙，同时采用裙房、栏杆、围墙、绿化等小品来封闭缺口，保持连续性，避免出现跳跃。同时为了避免沿街布置的大体量建筑对街道的压抑感，可采用减小体量，适当后退的办法，减少对街道的压抑感，保证阳光照射到绿化空间上。

(2) 采用点式和板式建筑相结合

板式建筑在经济实用方面有很大的优势，尽管它容易遮挡视线，影响日照和通风，而且会形成单调呆板的景观，但在城市建设中仍然比较常见。在街景设计中，为了避免上述问题的产生，可采用点式和板式的结合，或者对板式建筑灵活处理，就能达到虚实对比和高低对比的空间艺术效果。特别是在旧城道路改建中，因旧的建筑密度大，建造一些比较高的、形象较突出的点式建筑是十分必要的；而适当降低板式建筑的高度，并在布置上注意灵活性，这样就有利于形成丰富的天际轮廓线，有利于增加绿化面积，丰富街景。

(3) 将重要建筑物后退红线布置

将一些建筑物红线适当后退，可使街道空间有所变化，这也是强调街道上某些建筑物重要性的最简单办法，至少后退一定的建筑进深，使邻接建筑的侧墙暴露出来，后退越多，这座建筑就显得越重要。

建筑后退红线布置形成的凹型界面，给人以封闭、围合、停驻的暗示；建筑后退之后形成的空间又给人们准备了第二人行道，它与第一人行道不同，比较清静，使人产生安详感。特别是在繁华、嘈杂的环境中，可为城市提供更多的公共活动场所，这无疑对城市活动具有重大贡献。

但应注意，若两侧建筑都往后退，便形成了以街道为中心线的封闭空间，街道的连续感就受到了影响。同时，沿街过多的后退布置将形成街道凹凸不平的界面，容易使人视线分散，造成街道空间意图不明确。

(4) 处理好沿街建筑的竖向构图

建筑立面可以有不同的线条表现：①如果以垂直线条为主，则具有崇高、希望、向上的特征。当垂直线条把街道立面划分成多个视觉单元时，由于垂直线条对视线的引导是竖直向上的，与人运动方向不一致，因此人们观察时眼睛需要在水平和垂直方向上不断交叉变换，这就增加了视觉环境的复杂性，从而感到有些欢快和紧张。②如果以水平线条为主，则具有舒展、平稳、奔放的特征。当街道立面以水平线条为主时，有助于立面的连贯性与一致性，同时由于线条与人眼睛移动相顺应，会使视觉环境简单化。我们可以利用水平线条对人眼睛的引导作用，来突出想要突出的某个建筑物，使其成为空间环境中的视线焦点。但是如果建筑过于横长，看上去就会像趴在地面上，令人感觉沉重、消极。③如果将几幢水平线条和垂直线条的建筑进行集合，形成高低错落的群体，则会让人感到一种积极的活力和一种集体力量，具有一种互相矛盾的统一感。④若将屋顶进行不同的处理，则更能体现竖向构图的情趣。⑤如果是作为对景的建筑物，一般要求比其他建筑要高大一些，否则会因高度相差不多，而产生封闭感。它可以高耸细长，也可以呈宽阔水平状。对它的立面处理为：若面对的是不开口的墙面，则会显示不亲切的感觉；若面对的是开口的墙面，则会感觉较好；若面对有大开口的墙面，也会感觉很好。

(5) 对个体建筑物可采用三段式构图手法

即一幢建筑从下、中段到顶端采用不同程度的处理。

通常情况下，人在街道上活动的视觉范围在地面上 10 米左右，即建筑的底层和二层，属于建筑的下段。这段建筑的尺度、形式、风格、细部（立面上的门窗、墙面、柱廊、装饰、色彩、质感与地面的连接处理等）渲染而成的空间环境，往往可以影响人的行为活动和视觉感受，也是街道空间中最有魅力的地方，所以对这段建筑处理要精致，并布置一些与生活有关的设施，使建筑与路融为一体。此时，如果底层能采用架空或部分架空以及骑楼等形式成为一个向群众开放的活动场地则更有意义。

人在街道上活动的正常视觉范围内，建筑的中段一般只作为街道的衬景，由于功能的需求，体型应较为完整，一般不需要做过多的装饰。

建筑的顶段控制着整个建筑的形象特征，因此创造优美的轮廓线是关键。应在整条街道的轮廓线控制下，运用对比统一的方法形成完美的建筑。

#### 5. 建筑细部的处理

建筑细部主要包括墙面、阳台、门窗、屋顶、檐口、挑蓬、柱廊、栏杆、扶手等部分。

当建筑细部的处理方法、建筑材料、形式、色彩的选用相同，路旁建筑的临街立面没有凹凸变化时，会使街道的深远程度显得很突出，但景观单调；相反，在建筑细部的处理，材料和色彩的运用上变化比较丰富时，人们的注意力就被引向一幢幢建筑物，使街道景观变得很有韵味。可见，细部的处理十分重要。它可以极大地增强建筑立面的“耐读性”。丰富建筑立面的层次和深度，精巧的细部会使建筑富有艺术美感，外国古典建筑和我国古代建筑表现最为突出。而现代建筑多倾向于采用简洁的处理手法。

从街道景观设计中，可以十分清楚地看到建筑物在街景的塑造中起着最重要的作用。人们常把建筑比喻为凝固的音乐，此种比喻尤其适合于街道空间。线形街道就像是乐章，单幢建筑就像是音符，要组成完美动听的乐章，必须进行有机组合，使人在街上随着视点的连续变换，产生类似音乐感的动态效果。肯定地说，一条有序而优美的街道建筑群，其高低变化、进退节律必然是合于音乐旋律的。

## 三、构筑物与环境小品

### （一）桥梁、电视塔等主要构筑物

构筑物是工程结构物的总称，这里是指桥梁、水塔、电视塔、护堤等，它们曾经在城市景观中成为消极因素，因为人们很少注意它们的形象处理。如在许多城市中，桥梁设计往往只要求其可供通行的功能，而忽视它在城市空间中的作用。其实，桥梁、电视塔一般因体量较大，在视觉上给人印象较深，它们往往会成为所在空间的构图中心，不但对空间组织有很重要影响，而且还能成为城市或地域的标志，应该是城市景观设计中不可忽视的一部分。

桥梁与道路一样，不但有交通的主要功能作用，还有美学、景观等多功能作用。

桥梁设计首先要满足它的交通功能，注意与周围景物产生联系，与建筑、绿化、照明等巧妙结合。利用桥梁的架空、悬挑等大跨度所形成的开敞、遮挡较少的特点，使人的视线通过俯视、仰视、平视等各种方式，创造出多维的景观效果。并可根据需要在桥上设置观景台，增加人们观赏市容的机会。

我们不仅可从城市宏观的角度认识桥梁的造景作用，也可从微观的角度，比如花园、游园、广场、公园等这样一些较小的空间来设计桥梁景观，这些小空间的桥常常为园桥或景桥。

这类桥在园林中不仅是路在水上的延伸，而且还参与组织游览路线，也是水面重要的风景点，往往自成一景。

园桥常见有以下形式结构：

（1）平桥。简朴素雅，紧贴水面，便于观赏水中倒影。

（2）曲桥（折桥）。曲折起伏多姿，为游人提供了不同角度的观赏点，桥本身又为水面增加了景致。

（3）拱桥。多置于大水面，曲线优美圆润富有动感，既丰富了水面的立体景观，又便于桥下通船。

（4）屋桥（亭桥、廊桥）。以石桥为基础在其上建有亭、廊等，亦称亭桥、廊桥。其功能除了一般桥的交通和造景外，还可供人休憩。

（5）汀步（跳桥）。置于水中的步石，又叫步汀。它是将几块石块平落在水中，供人蹑步而行。由于石块之间往往不相连，所以又叫跳桥。多采用天然的岩块，如花岗岩、凝灰岩等筑成，易风化的砂岩不宜使用，也可用各种美丽的人工石。步石表面要平，忌上凸和凹槽，以防滑倒或积水。

汀石布石的间距，应考虑人的步幅，中国成年人步幅一般为 56 ～ 60cm，石块间距可为 8 ～ 15cm；石块不宜过小，一般在 40cm×40cm 以上。汀步石面以高出水面 6 ～ 10cm 为好。置石的长边应与前进方向相垂直，这样可以给人一种稳定感。步石的安置应能表现出韵律变化，使其具有生机和活跃感。常见的有圆墩汀步、荷叶汀步、多边形汀步、圆形汀步等。

除此之外，还有吊桥、藤圈桥、步级桥、高架桥、孔桥等。

园林中的景桥设计主要考虑几方面因素：景观、水面、沟壑、交通、建筑、环境。

在设计时，景桥在满足交通功能的同时，本身也是一个景点，又是一种建筑，它需要融入环境之中。因此其设计原则是：①尺度——烘托环境；②造型——生于环境；③色彩——溶于环境；④比例——适宜环境（即宜小宜轻）。

另外，除了桥梁以外，电视塔在城市空间的构图中也越来越重要，而城市中的大型水塔，发电厂的冷却塔、烟囱等也可以通过景观设计给人美感。

高塔曾经是中国城市景色构图的中心，现代的电视塔和大型水塔正在取代它们而成为今天城市的构图中心。

## （二）环境小品

环境小品包括斜坡、台阶、堡坎、驳岸等，它们常常配合场地设计、建筑物、构筑物、道路、绿化、水体等综合形成优美的城市景观，同时也是美化市容重要的元素和措施。城市环境分内（室内）环境和外（室外）环境。我们讨论的主要是外环境。

城市环境小品内容广泛，种类繁多，可以说除了建筑以外，包括所有人工的公共环境设施，是城市室外空间的主要内容之一。它除了满足人们对室外活动的多种需求，还对城市的环境、景观的形成起着重要的作用。

### 1. 分类

环境小品内容丰富，题材广泛，且数量众多，一般可分为以下几类。

（1）建筑小品

休息亭、廊、书报亭、钟塔、售货亭、商品陈列窗、小桥以及出入门口。

（2）装饰小品

雕塑、水池、喷泉、叠石、壁画、花坛、花盆等。

（3）公共设施小品

路名牌、废物箱、烟灰筒、标志牌、广告牌、饮水台、公共厕所、电话亭、灯柱、灯具、邮筒、公交车候车棚、自行车棚等。

（4）游憩设施小品

戏水池、沙坑、座椅、游戏器械等。

（5）工程设施小品

护坡、台阶、挡土墙、道路缘石、围墙、栏杆等。

（6）铺地

车行道、步行道、停车场、广场等。

### 2. 设计基本要求

（1）整体性

要符合城市景观设计的整体要求以及总的设计构思。

（2）实用性

要能满足大众的使用要求。

（3）艺术性

要达到美观的要求。

（4）趣味性

要有一定的生活情趣。特别是一些儿童游戏器械，要适应儿童的心理。

（5）地方性

指造型、色彩、图案以及材质要富有地方特色或文化传统特色。

### 3. 亭

亭在园林中比较常见，并常作为风景构图的主体，因此，了解它的艺术造型、结构特征等对于其他建筑小品设计可有触类旁通的作用。

（1）亭的功能

亭是建筑中最基本的建筑单元，主要为满足人们在活动之中的休憩、停歇、纳凉、避雨、极目眺望之需；且它本身也是城市景物之一，常成为一定空间范围的构图中心。总体上看，亭的体量小巧，富于神韵，精致多彩，变化多姿。

（2）亭的平面形式

正多边形——平面长宽比为 1 ：1，面宽一般为 3 ～ 4m；不等边形——长方形，平面长宽比多接近黄金分割 1 ：1.6。

（3）亭的材料与构造

我国传统亭最重视就是就地取材，一般有木亭、石亭、竹亭、草亭及铜亭等。近现代开始采用钢筋混凝土、玻璃钢等材料建造仿古亭。亭顶构架做法通常有伞法和大梁法。

①伞法（攒尖顶做法）

模拟伞的结构模式，不用梁而用斜戗及枋组成亭的攒顶架子，边缘靠柱支撑，即由老戗支撑灯芯木（雷公柱）。而亭顶自重形成了向四周作用的横向推力，它将由檐口处一圈檐梁（枋）和柱组成的排架来承担。但这种结构整体刚度较差，一般多用于亭顶较小、自重较轻的小亭、草亭或单檐攒尖亭。有时也在亭顶内的上部增加一圈拉结圈梁，以减小推力，增加亭的刚度。

②大梁

一般亭顶构架用对穿的一字梁，上架立灯芯柱即可。较大的亭则用两根平行大梁或相交的十字梁，来共同分担荷载。

### 4. 凉亭、棚架

凉亭一词源自意大利语的“葡萄架”。凉亭、棚架皆为采用盘结藤萝、葡萄等蔓生植物的结构的庇荫设施，同时也是作为外部空间的通道使用。

棚架一般采用圆木做梁柱，竹料做檩条。现在园林设计则多采用仿木混凝土、仿竹塑料檩条，以提高棚架的耐久性；凉亭的材料多使用木材、混凝土、钢材等做梁柱，檩条则用木材或钢材。

设计时其形式、尺寸、色彩等都应与所在公园、广场、小区相适应和协调。

凉亭标准尺寸：高 2.2 ～ 3m，宽 3 ～ 5m，长 5 ～ 11m，檩条间隔多为 30 ～ 50cm。

棚架标准尺寸：高 2.2 ～ 2.5m，宽 3 ～ 5m，长度 5 ～ 11m，立柱间隔为 2.4 ～ 2.7m。因凉亭、棚架下会形成树荫，因此不宜种植草皮。

现在，许多建筑材料企业都可以生产不同形式和规格的凉亭成品供选用。

亭、廊、架等建筑小品在许多场所运用较为普遍，因此在设计时不仅应注意继承古朴典雅的特点，同时还应注意在继承的基础上立意创新，使其又能表现一定的时代感。比如运用“加一加、减一减、联一联、改一改、扩一扩、变一变、反一反”的符号变化，采用现代技术和现代建筑材料有机结合的手法，再加上必要的组合构成与排列，就可以设计出一系列个性独特、功能各异的创新小品来装点城市空间。

### 5. 垃圾箱（筒）

随着现代城市的发展，“垃圾回收”“垃圾分类收集”“把垃圾带走”等环境保护措施在国际社会上不断地实施与推广，布设垃圾箱的场所逐渐增多，特别是在公园里。

垃圾箱一般分独立可移式和固定式两种。制作材料种类齐全，有钢材、铁材、木材、石材、混凝土、陶瓷等各种成品。无论是在造型上，还是材质、色彩和规格上，可谓丰富多彩。选用时要注意与周围景观协调。

普通垃圾筒的规格一般：高 60 ～ 80cm，宽 50 ～ 60cm，垃圾筒宽度明显要小，但放在车站，广场上的垃圾箱体量较大，一般高 90 ～ 100cm。

部分外观设计讲究的垃圾箱，可在里面内侧放置金属篓，即双层结构，这样既卫生又不失美观。随着现代科技发展，更有一些垃圾箱装有感应器，若人们将垃圾投入箱内，感应器便因而启动播音器，播出一则故事、笑话或音乐等，其内容每周还会更换一次。所以人们都愿意自觉地将垃圾废物投入这种垃圾箱内。而在居住区内大都设置了垃圾筒和垃圾站。

### 6. 用水器（台）

用水器（台）包括饮水台、洗手台、洗水果台和洗脚池等。它们既是满足人们的生理需要、讲究卫生而不可缺少的街道设施，同时也是街道的重要装点。尤其在公园、广场、商业街区等公共场所必不可少。

用水台的出水方式有长流型和即用即放型两种。制作材料一般为陶瓷、不锈钢、铸铁、铸铝、石料（花岗石、天然石等)、混凝土（混凝土抹面、水磨人造石等)。

用水台在结构上，最好采用饮水和洗手台兼用形式。一般高度为 80cm，供儿童使用高度在 65cm 左右，较高的为 100 ～ 110cm，此时可考虑为儿童使用设置 10 ～ 20cm 高的踏台。同时还应为坐轮椅的人们考虑使用的方便。随着现代城市的发展，现在也有了美化景观的花坛形式的用水器。

### 7. 儿童游乐设施

儿童游乐设施主要包括供儿童游玩、嬉戏的场所与设施，如游乐场中的沙坑、滑梯、秋千、跷跷板、攀登架等。

儿童游乐的场地应选择在环境较安静、清新、卫生的地方，并与交通要道保持一定距离，使之具有安全感。另外，从安全防范的角度出发。游乐场四周还应有一定的开阔性，便于陪伴儿童的成人从周围进行目光监护。同时还应该注意尽量减少儿童嬉戏时产生的嘈杂声对周围环境的影响。

沙坑、秋千与滑梯被并称为儿童游乐设施中的“三件宝”，利用率很高。沙坑对于幼儿和儿童而言，既是一个与大地亲密接触的场所，也是一个有助于提高创造意识、体验群体活动的场所，是儿童游乐场中必不可少的设施。

一般规模的沙坑面积约 $8m^2$，可同时容纳 4 ～ 5 个孩子玩耍。标准坑深 40 ～ 45 米，四周可砌高 10 ～ 15cm 的路缘，以防沙土流失或地面雨水灌入。

沙坑应配置经过冲洗的精致细沙。但因沙坑极易成为猫、狗等的排泄场所，所以沙坑应设置在有日照的地方，使之常可得到紫外线消毒。

滑梯是一种结合了攀登、下滑两种运动方式的游戏器械，在游乐场所有设施器械中利用率最高，它可以促进儿童的全身心发育，是仅次于沙坑的游乐场中不可缺少的设施。主要由滑板、平台、攀登梯架等三部分组成。

普通的滑梯、滑板的标准倾角为 30° ～ 35°，滑板宽 40cm 左右，两侧立缘高 18cm 左右；休息平台四周应设置约 80cm 高的坚固防护栏杆，以防儿童坠落。攀登梯架的倾角一般约为 70°，宽度约 40cm，踢板高 20cm，踏板宽 6cm，双侧设扶手栏杆。

滑板材料一般选用不锈钢、人造水磨石、玻璃纤维增强塑料等，但因不锈钢材料会因太阳的炙烤而发烫，所以不太常见。

秋千,一般分为幼儿用板凳式和座椅式的安全型秋千以及大龄儿童使用的普通型秋千。材料有铁制、木制、轮胎等。

一般秋千设计尺寸：二座式，宽约 2.6m，长约 3.5m，高 2.5m；四座式，宽约 2.6m，长约 6.7m，高 2.5m。

踏板距地面 35 ～ 45cm。设计的幼儿园安全型秋千，应避免幼儿钻入踏板下，所以一般的踏板高度为 25cm。

设置秋千时，应考虑其秋千的摇摆、飞荡幅度。在空间上注意与其他设施的合理关系，注意安全。

除了设置儿童游乐设施之外，还应有供青年人活动的设施以及老年人的健康设施。如网球场、棒球场、羽毛球场、门球场、摆荡架健身器材等。体育场地往往要求较高，但供老人使用的健身设施就较为简单，占地不大，形式也较灵活多样，只要保证安全，有一定的强身健体以及娱乐的作用即可。

无论小孩、年轻人或老年人，当他们在利用各种设施玩耍或活动时，本身就是一种人文综合的城市景观。

8. 旗杆

旗杆具有装点环境、围合与划分空间、显示建筑物性质或地位等作用。它通常布设在政府大楼前、国际饭店前、中心广场上以及其他一些大型公共建筑前。其数量视设置的地点而异。普通企业、厂区、写字楼等建筑前一般设置 2 ～ 3 杆；国际饭店、政府大楼前一般设置的数量要多一些。一般旗杆的设置较为灵活。

旗杆的杆高标准与间隔也不同，杆高通常为 5 ～ 12m。5 ～ 6m 高的旗杆，其间隔为 1.5m左右；7 ～ 8m高的旗杆，其间隔为 1.8m左右；大于 9m的高旗杆，其间隔为 2m左右。

另外，不同的场地内部，旗杆的间距也有所不同。主要视场地空间的大小而定，但一般是在 1.5 ～ 3m。

旗杆的制作材料以铝材为主。旗杆的混凝土基座应采用花砖铺面或采用降低基座施以绿化的设计处理。

总之，旗杆的布置和高度设计，应根据环境整体规划，结合建筑物的尺度，以及与道路的关系来加以确定。

现代城市中对环境小品的利用，种类繁多，还有如雕塑、座椅、水体、铺地等，都需要我们根据其场所需要与景观要求去规划设计。

## （三）景观小品设施具体的设计原则

下面主要从城市景观设计的角度认识小品设施具体的设计原则。

### 1. 取其特色

各类景观小品一般功能较单一简明，但造型的要求都比较具体。在设计构思时，应首先立足于需要体现的内容及其本质，提取能反映本质特色的形象或符号，通过设计手段予以具体化。

例如，幼儿园中的游泳池（戏水池）设计时可以配合设置滑梯，而滑梯则可以利用动物的形象造型，如大象长长的鼻子，天鹅长长的脖子，长颈鹿长长的颈子等。

### 2. 顺其自然

对景观小品的设计应因时、因地制宜，不要牵强，讲究自然。其创作可以以民间的传统、传说为题材，还可以取材于自然，甚至模仿天然的形态，进行形式美的加工以保持它们自然的风格。

当地的石材可以做铺地、挡土墙，还可以做警示牌。一些城郊公园就用当地板材加工成一片树叶形，上面写上警句，告诉人们“绿色是我们的生命”，提醒人们自觉爱护花草树木。也可以在园林中采用自然圆木做成指示牌，给人以返璞归真之感。

另外，我们也常在许多供人休憩的绿化场地中见到由水泥、混凝土制作的蘑菇坐凳、树桩坐凳、垃圾箱等小品，这样既容易与环境取得协调，也迎合了人们热爱自然的心理。

3. 立其意境

小品设计的构思，同样需要立意，以一种含而不露、隐而不显的感染力，把想要表现的内容，通过一定的造型、图案和空间组合巧妙地表现出来。

4. 比例适度

各种外环境小品设施的尺寸常比室内稍大。但也要注意“精在体宜”，要与所在的空间环境尺度配合，注意各部分之间的尺度关系，使它们的大小、疏密在比较中显得适度。

5. 巧其点缀

设计上要善于取舍，不可随意拼凑堆砌，特别是各种小品的设施更应作为艺术欣赏品，在一定的空间环境中起到良好的点缀和陪衬作用。

# 第五章　城市居住环境艺术设计

## 第一节　城市居住环境艺术设计的理论

### 一、城市居住环境艺术设计的三个层面

居住环境艺术设计虽然在功能上是为居民提供一个可居住、停留、休憩、观赏的场所，但是由于环绕在历史、社会、风土人文等脉络中，而使其功能上具有多层次性与复杂性。为了分析方便，我们把本来为一个整体的功能要求与实现过程剖开来，认为居住环境艺术都具备物质功能、精神功能和审美功能。

#### （一）物质环境

墨子的一段话道出了物质功能的重要：“食必常饱，然后求美，衣必常暖，然后求丽，居必常安，然后求乐。”环境作为满足人们日常室内外活动所必需的空间，空间的实用性是其基本的功能所在。

1. 满足人的生理需求

空间要素的合理设计，让人们可坐，可立，可靠，可观，可行，既能挡风，又能避雨的空间合理组织，满足人们日常生活中对它的需求，其距离、大小根据内容而定。这样的居住环境就满足了作为空间主体的人的多方面的生理需求。为了使环境更好地实现这些功能，必须考虑到许许多多的细节性要素，比如材料的使用合理，空间的尺度宜人，具体小环境的功能单纯性，等等。

2. 满足人的心理需求

人心理上对领域与个人空间，私密性与交往都有需求。在环境艺术设计中还应该重视个人空间的可防卫性，给使用者身体与心理上的安全感。人在环境中生活，有着私密性与交往的需求。人的私密性要求并不意味着自我孤立，而是希望有控制选择与他人接触程度的自由，所以简单地提供一个与世隔绝的空间并不意味着解决了问题。

在居住环境艺术设计中，隔断空间的联系，限制人的行为，遮挡视线，控制噪声干扰，就成为获得私密性的主要方法。居住环境中，像阅读、恋爱、亲密交谈等私密性强的行为由凹入式座椅、树荫、构筑物围合、占领而形成的空间来提供，这样的小空间过往行人较少而又相对封闭，一般性的交往，休憩则常常由人流较少的通道旁、水池边形成的领域来提供，而演出、聚会等公众活动则往往发生在向心的，较大的开敞空间之中，这种划分常常是在人们心理自然作用下自觉形成的。

心理上私密性与交往的不同层次的需要，在环境艺术设计中，可以通过门、围墙、绿带对空间加以明确划分，也可以通过铺地材料的变化，地面标高的变化以及光、声、色限定的区域来暗示其不同层次。

人们除了这些基本的心理需求以外，还有回归自然、回归历史、回归高情感的心理需求。城市居民对城市的喧闹、拥挤常常感到厌倦，越来越多的人在心理上都有向自然回归的渴望，想重新投入大自然的怀抱，沐浴在和煦的阳光、芬芳的鲜花、悦耳的声音之中。

3. 满足人的行为需求

行为的考虑反映在设计的各个阶段中，其中又以基地环境的配合，空间关系与组织，以及人在环境中行进的路线为主要的考虑因素。居住环境是满足人们居住功能的环境，满足人们日常生活的室外行为，绿化环境是不可缺少的组成部分。绿化环境中的休憩环境，如儿童的游戏空间、成年人交谈娱乐的空间、老年人活动区等，它们有利于儿童的成长、居民的身心健康及保持祥和安定的友好互助气氛。小区的休闲区、游乐区、健身区、附属设施区等满足人们散步、休息、文化娱乐、社会交往、儿童游戏、运动锻炼等功能。

## （二）精神功能

物质的环境往往借助空间渲染某种气氛，来反映某种精神内涵，给人们情感与精神上带来寄托和某种启迪。在此类环境中主要景观与次要景观的位置尺度，形成组织完全服务与创造反映某种含义、思想的小区空间气氛。可使特定空间具有鲜明的主题，这些环境的主题是大家所熟悉的历史人物或事件，当人们置于其中，会引起精神上的激愤而达到心灵上的共鸣。

1. 形式上的含义与象征

在环境设计中，透过具体空间造型来表达某种含义与象征时，最基本、最常见的是从形式上着手，在此寄托设计者想要抒发的情感，在中国古典园林思想中常可看到此类手法。比如关于文人的小型庭院，清代李渔在《一家言》中说到“幽斋磊石，原非得已，不能置身岩下，与木石居，故以一卷代山，一勺代水，所谓无聊之极思也”①。假山水池，形式上模拟自然山川，表达了主人向往自然、回归自然的含义。

在用形式表达含义与象征时也可以使用抽象的手法。普鲁斯特（Marcel Proust）曾描

① 钱玉林.李渔和《一家言》[J].语文学习.1983，（9）：63-64.

述过这一种矛盾感受“现实当中的美常常会令人失望，因为想象力只能够为不在场的事物产生。有时候，一个场地最明显的独特之处不是实际在场的一切，而是与之相联系的东西，是我们的回忆和梦想穿过时间和空间与之相联系的一切”。①

2. 理念上的含义与象征

环境艺术设计中的“环境”是由于人的介入而被改造、创建的。它必定含有人为的因素，具有理念上的含义。普通室内环境中所包含的这种含义，人们非常熟悉以至于感觉不到它的存在，比如住宅，它常常表达着“生命旅行的港湾——安定与温馨”的理念。另外，设计者要表达的理念上的深层含义与象征，在视觉形式上难以具体体现，往往需要使用者或观者在具有了一定背景知识的前提下，通过视觉感知、推理、联想而体验到的。在具体的环境中，人们在不同的场合、不同的心境、不同的认识阶段可体验到多元的、多层次的理念上的含义。

中国园林在植物的应用上，重视的首先是那些常被赋予人文色彩的植物，如松、竹、梅等。如北宋理学家周敦颐说：“菊，花之隐逸者也；牡丹，花之富贵者也；莲，花之君子者也。”②

3. 历史、文脉上的含义与象征

传统构成现代化的基础，无论我们对传统采取的是保护还是贬斥的态度，传统无处不在。历史的概念，大家都不陌生，具有历史感也是人与动物的区别之一。

19 世纪后半期以来，三次产业革命带来的迅速发展，给社会经济结构、人们的价值观念、生活方式、文化习俗等带来了十分巨大的变化。历史的含义与象征功能手法体现在许多现代的作品中。

居住环境个体因素要注重新老之间在视觉、心理、环境上的沿袭连续性。这些元素可以作为历史、文化的反映而有机进入环境之中，它们的功能及意义要通过空间与时间的文脉来体现。也就是说个别环境因素与环境整体保持时间与空间的连续性，即和谐的对话关系。在人与自然关系上，提倡人文与自然的协调平衡在人文环境中力求通过对传统的扬弃，不断推陈出新。

因此，环境艺术的语言不应该抽象地独立于外部世界，而必须依靠和植根于周围环境之中，而且能引起关于历史传统的联想，不排除适当运用古典装饰符号，以及从左邻右舍的原有环境产生共鸣。

## （三）审美功能

审美活动归根到底就是人的一种生命体验。人生活在世界上就要不断地领悟世界的意义和自身存在的意义，而作为生命体验的审美活动正是主体对生命意义的一种把握方式。如果说环境艺术的物质功能是满足人们的基本需要，精神功能满足人们较高层次的需要，

① 风景［M］. 李斯译，北京：光明日报出版社，2000：20

② 任红伏. 爱莲说［J］. 世界文化. 2019，（8）：66.

那么审美功能则满足人们对环境的最高层次的需求。

#### 1. 环境艺术的形式美

对形式美的关注，在西方可以追溯到古希腊的毕达哥拉斯学派，它是形式美的代表，他们提出“万物皆数”的概念和“数的和谐”的理论环境艺术造型可以产生形式美，一般人往往将形式美局限于静态的，和谐的，必然的美。但是设计者在进行创作时应当有所超越，成为一种动态的、有机的、自由的美的形式。环境艺术如同绘画、雕塑以及建筑，都是由诸多美感要素——比例、尺度、均衡、对称、节奏、韵律、统一、变化、对比、色彩、质感等建立了一套和谐、有机的次序，并在此次序中产生一定的视觉中心及变化，才能引人入胜。环境艺术中的意境美，施工工艺美，材质、色质美组成了环境景观美，继而有助于带来人们的行为美、生活美、环境美。

#### 2. 环境艺术的意境美

强调意境是中国美学思想的特点之一，可理解为一种较高的审美境界，即人对环境的审美关系达到高潮的精神状态。中国古代美学传统思想对中国历史上的环境艺术产生深远影响。例如，《考工记》告诉我们周代的城市景观是“方九里，旁三门，国中九经九纬，经涂九轨。左祖右社，面朝后市，市朝一夫”。① 其中，涂是路，轨为八尺，夫为步步。朝会广场与集市广场都有一夫那么大，“比德”与“畅神”可以归入审美的意境范畴之中。

境界是艺术品抒情、写意、状态达到和谐统一的结果。有真情者才叫作有境界。艺术创作以境为本。正因意境涉及人与环境两方面，它被引入环境艺术之中。

## 二、城市居住环境艺术设计的原则

居住区环境艺术设计包括居住区内建筑本身的环境和建筑外部空间环境的设计，内部空间环境的限制条件很多，而外部空间环境的可塑性很强，功能、形式多样，除各种景观小环境之外，还包括多种服务建筑、小品设施和构筑物，这些环境的组织方式有很强的灵活性，但无论以哪种形式出现，都应满足人们的使用要求和整体的景观效果。良好的居住区环境是建筑内外空间的完美结合，满足住户各方面的需求，在设计中要严格遵守居住区环境设计的原则，建构以人为本的居住生活环境。

### （一）居住区规划与景观、建筑的整体性原则

居住区环境作为城市小环境的一部分，它也是为人们在室外逗留提供一个机会，为人们的社会交流提供一个场所。小环境设计是综合性的活动，针对不同的情况进行不同的设计，对人们的生理、心理有不同的影响，对于人们在城市中、小区中、街坊中的室外活动都是一项有价值的贡献。

总平面布置时应重点进行总体构思、景区划分、出入口布置和竖向设计，在总体构思

① 袁竹.王安忆《考工记》里的老宅[J].书屋.2019，（12）：83-84.

之初应对周围环境进行了解、分析，周围环境设计自然环境、建筑环境和人文环境，这样做的目的是为了使所设计的小区与周围环境相协调，并更好地融入整个社会的大环境之中。总体构思阶段要在调查研究之后得出设计思路，这时期应将建筑、规划、景观整体考虑，形成大的框架，首先是建筑的摆放形式，小区出入口的位置和小区主要路网的设计，其次应该考虑的便是中心广场和几个主要活动场所的位置。这些思路的形成都是建立在结合场地规模、地域文化使用特点的基础之上的，建筑布局、广场规模和位置、小区出入口和主要路网来确定、以后再分专业进行细部设计，根据建筑的性质确定形式和位置，例如小区内幼儿园的位置、商业服务用房等基础设施用地的位置。建筑的风格应与周围建筑风格和色彩有共同的元素，以达到整体性的特点，但这些建筑也不能与周围建筑太过相似，要有自身的特点，大体的建筑风格形式确定以后再进行建筑平面的设计。住宅建筑的总平面形式首先确定为行列式，或庭院围合式或两者结合布置，在建筑单体的平面设计中，作为住宅建筑，应首先考虑朝向、日照间距等因素，然后再进行分区设计，户型的设计很重要，根据朝向，充分考虑通风和日照条件，将卧室、客厅等住所使用空间设置于南向，若为高层住宅，为了充分利用空间，一般很少出现一梯两户的现象，这种一梯多户的住宅户型设计很难做到规整也很难使每户的每个房间都有良好的朝向，以及很难满足每户通风的要求，这种情况下，在设计中应尽量将主卧室设置于南向，若户型中没有南向的房间，则要保证主卧室和客厅处于最好的朝向，《住宅设计规范》中明确规定，户型设计中除卫生间外，其他房间如客厅、卧室、厨房都必须满足采光的需求，实在很难做到的话，就要考虑间接采光和改变建筑平面、立面的形式，户型主要是由卧室、客厅、厨房、卫生间、阳台、走道、楼梯等组成，有些有条件的户型设计中，还可设置入户花园或者阳光房，将自然的植物种植引入室内，不仅美化了室内环境，净化了室内空气，丰富了空间，还为住户提供了犹如室外环境的休息场所，除了各房间的分布设置外，还应考虑水、暖、电管道的设计位置。每个朝向的户型，设计完成以后，在设置楼梯间、电梯间和室外平台、走廊以组成单元，几个单元拼接则形成一栋楼，每个单元的户型和形式，可以相同也可不同，可以是几个单元共同构成楼栋，也可以只有一个单元，形成点式住宅。单元之间的组合方式有很多种，最多采用的就是单排和庭院围合的形式，小区中每几栋楼就可以形成一个组团，每个组团都有自己的绿地及活动场所。各个组团之间也是通过共同的绿地或者活动场地相联系。住宅建筑的立面设计，要根据平面的构成形式和周围的建筑风格综合考虑，其立面色彩也应与周围建筑颜色相协调。细部设计中，要采用构图元素的手法，形成自身特点，对于多层住宅建筑，其平面和户型设计，都相对简单，户型的设计很容易满足使用的要求，但想要做出优秀的设计，就必须要进行深入的推敲，立面的设计更是如此，它是人们最直接的视觉感受，有特色且形式灵活的建筑立面。可以提高整个居住小区的品位，提升小区的形象。一个小区中，可以既有高层住宅，又有多层住宅，这时各种住宅的布置位置应分开，使高层、多层各成区域。

### （二）融入生态性原则

生物必须在一定的自然条件下才能生存，自然条件的改变和破坏，生物的生存受到威胁，生物与环境的结合，形成生态环境。生态环境有自然生态，如空气、阳光、水体、土壤、植被等，也有人工生态，如人工气体、人工绿化、人为小气候等。住宅区作为城市的基本功能单元，强调其环境的自然性、生态性，对于改善城市层面上人与自然的关系、形成城市有机的基本生态单元及满足住宅区中居民的精神感受来说，都有着重要意义。

住宅区绿化应做到：①注重生态效益、观赏效益与经济效益相结合。乔木的生态效益要比灌木、草地的高，生长快、立地条件不高、树冠开展的落叶阔叶树又比价格昂贵、生长慢、立地条件严的高。此外，环保植物在环境保护中可起到监测、绿化、净化、滞尘、隔音、防火等多项功能，可针对不同的生态区位条件有选择地配置环保品种。②减少硬质场地的使用，从而扩大自然绿化。住区的广场及其他活动设施应根据居民的数量和使用的频率来确定规模，不应盲目攀比，追求气派，可通过法定条例来禁绝住区使用大面积的硬质地面。同时，通过采用铺装植草砖，将住区的停车场等地，变成积极的绿地系统的一部分。③处理好住宅与绿化的过渡关系。住宅底层院落应尽量采用镂空围墙或低矮的绿篱，以加强建筑与环境的渗透与交融。

在住区景观构成元素中，除文中所提的“人”“动物”“植物”外，还有诸如阳光、空气、水体、山石等软质景观元素，以及大量的人工构筑的硬质景观元素，这些景观元素同样可以对居民产生生理和心理上的影响力。

### （三）坚持以人为本原则

以人为本，以建筑为主体的原则居住区环境设计是“以人为本”的设计。因此，首先要考虑满足人在物质层面上；对于实用和舒适程度的要求。所有附属于建筑的设施必须具备相应齐全的使用功能，并都应围绕主体建筑来考虑，它们的尺度、比例、色彩、质感、形体、风格等都应与主体建筑相协调。

### （四）坚持社会性原则

住区的环境设计应与城市整体环境相协调，体现社会性原则，在小区环境中则表现为居民的文化素养、安全意识和环境的历史文化元素以及人文精神。要通过环境来提高居民的社会意识，加强居民的可参与性、邻里关系和归属感。

### （五）坚持经济性原则

以居民的使用为目的，避免盲目攀比、华而不实。材料使用上要因地制宜，选择当地材料和植物空间组织和形式；设计上应在符合人们使用功能的条件下，节约土地和能源道路；广场的组织上主要考虑居民总数和生活方式，减少大面积的硬质铺装广场，充分利用太阳能、风能等自然能源为人类服务。

### （六）坚持地域历史性原则

应体现所在地域的自然环境特征，因地制宜地创造出具有时代特点和地域特征的空间环境，避免盲目移植。建筑和环境设计上要保持不同民族、不同地域文化的多样性与历史连续性。要保护、保留和利用自然地形、原有水系和植被，不能破坏原有的生态环境。住区建筑的组合布局、体形和立面色彩等要与周围特定地形、环境和谐一致。对于邻近历史景观的建筑和住区，其尺度与色彩不能压倒原有文化遗产。应从传统中汲取创造地区特色和多样的建筑形式的设计思想，对自然景观和自然特性的地域特征进行整体研究，将自然景观作为一种资源加以识别、控制、保护和有计划地开发、利用，自然因素要作为最首要和最经济的要素进行研究，也要加强人际关系的研究，加强聚居环境的社区交流场所和健康型休憩场所的规划和设计。

# 第二节　城市居住环境的营造要素

对人类居住环境与活动环境的区域，通过区域土地利用与保护、区域产业规划布局、区域基础设施规划等几方面共同塑造，可完成对整个区域环境，即居住区环境的规划。区域环境谋求经济、社会和环境的协调发展，保护人们健康，促进资源和环境的持续利用，提升整个人居环境的品质。因此，居住区环境的营造是一项多方位、多角度构建及多领域协作的综合过程。

## 一、居住区的自然环境营造

在人居环境的研究中，自然环境指的是影响人类生存和发展的各种天然的和经过人工改造的自然因素的总体。整体的自然环境是聚居产生并发挥其功能的基础。对于城市居住区来说，可以概括地理解为就是居住区的绿化环境、水环境、声环境和空气环境四个方面。

### （一）城市居住区绿化环境的营造

居住区绿化环境是以绿色植物为主体，提供居民户外休闲、室内观赏和改善生态环境作用的绿色空间。具有释放氧气，杀菌除尘，净化空气，调节空气温湿度，减噪，隔热，防风以及美化环境，创造四季各异的环境景观，调节居民心理等诸多功能。

城市居住区绿化环境的原则：

第一，合理进行绿化配置。首先，从酷热的华南到严寒的东北，从东南沿海到青藏高原，气候变化极其悬殊，不同地域有其特有的适生树种，体现不同的地域自然风貌。进行绿化品种的选配时，应考虑到所选植被的适生环境，从而提高存活率，减少无谓的资源浪费。其次，按照生态学的理论，一个成熟良好的生态环境应该具有多样性。生态环境的多样性越明显，相对来讲就越稳定，受破坏影响的程度也越小。就绿化环境而言，在进行绿化配置时，应根据遮阳、通风、降噪等各个方面功能进行综合考虑，按照不同的功能要求选配树种和绿化方式，多树种混合种植，以期达到最佳的效果。例如，在建筑物的南侧布置一些落叶乔木，这样夏季可以遮阳，冬季又不至于遮挡建筑物的阳光。而在建筑物的东、西侧进行垂直绿化，可以改善建筑物墙体的热工效应，等等。

第二，建立多层次、立体化的绿化环境。人的本性就是向往大自然和对户外生活的渴望。随着人们闲暇的增加，保护自然环境显得空前重要，不仅要保持肥沃的农业和园艺地，以及供人们娱乐、休息和隐居之用的天然园地，而且还要增加人们进行业余爱好的活动场所。

居住区绿化环境的设计应结合建筑空间，尽量多地布置绿化，以道路绿化联系各公共绿地和宅前绿地，形成点、线、面相结合的多层次的绿化系统。在横向展开的同时，充分利用基地的自然地形，山水结合，垂直的发展绿化，利用屋顶绿化、阳台绿化、墙面绿化等，形成立体化的绿化系统。现代城市居住区内往往由低层的别墅、多层的住宅和高层公寓单元三种不同的住宅组建而成，立体绿化不但有利于柔化环境，使人们避免来自太阳和低层部分屋面反射的眩光和辐射热，而且可使屋面隔热，减少雨水的渗透，同时又能增加居住区内的绿化面积，加强自然景观，改善居民户外生活的环境，保持生态平衡。

第三，兼顾绿化环境的可达性和亲和性。居住区绿化的可达性就是绿地尽可能地接近居民，布置在居民经常经过并能自然达到的地方，以便居民进入。亲和性是指要处理好居住区绿化与各项公共设施的尺度关系，景致要尺度适中，亲和宜人尽可能采取开敞式布置，以使居民能够真正地接近绿地，享受绿地。

### （二）城市居住区水环境的营造

居住区的水环境主要涉及两个方面的内容：一是直接与人体接触的水，如饮用水、生活用水；二是与人的接接触的水，如景观水和调节微环境的用水等。水环境的好坏对于居住区人居环境的质量至关重要。

当前水环境存在的主要问题是水质和水量。水质的保证主要是加强水体的管理维护，减少或消灭二次污染的可能性，未经处理的污水严禁排放到居住区的水体中。在设计时，将居住区内的景观水，做成流动的水，并配置合理的水生动植物，使水体形成一个完整的生态系统，从而达到水质的平衡。同时还要形成全民的环保意识，共同维护城市，乃至整个地区的水环境系统，以保证居住区水源的水质。

由于我国是世界上 13 个缺水国家之一，许多城市都处于缺水状态，如何保障城市居住区具有持续不断的供水是居住区水环境中亟待解决的问题。可以依靠三种手段来改善：

第一，节约用水。水资源虽然是一种可循环利用的资源，但是随着近年来全球环境的持续恶化，以及人们的过度开采使得可饮用的水资源越来越少，达到几近枯竭的边缘。我们应形成自觉的节约用水的良好习惯，这样既可以减少对大自然的索取，以给它充足的时间进行恢复，又可以减少废水处理的费用，可谓一举两得。

第二，对水的循环使用，其中包括对雨水的收集再利用、中水的利用和可持续的污水处理三个具体的措施。对雨水的收集再利用主要是通过建筑设计，附设一定的雨水收集设备进行收集、过滤，然后或做生活服务用水或做居住区内景观用水。

第三，加强居住区绿化配置，采用高渗透性的铺装材料，促进地表水体循环。在城市居住区中，绿化是最自然、生态的保水设施。通过增大居住区绿化的比率，尽可能多地采用透水地面达到促进地表水体的循环。

### （三）城市居住区空气环境的营造

城市居住区空气环境主要指的是居住区内的空气质量和内部小气候，两者对于人类的健康影响非常大，直接关系到人居环境质量的高低。城市气候是在不同的纬度、地理位置、地形地貌所形成的区域气候的背景下，在人类活动特别是城市化的影响下而形成的一种特殊的气候。它的成因主要是由于人们的活动改变了城市下垫面的性质和空气质量，造成空气污染，环境辐射、地面反射增强等不良反应而形成的。

城市居住区的环境与城市环境是一种从属的关系，城市总体环境的好坏对于居住区环境质量具有决定性的影响。因此城市气候的诸多不良特征必然引起居住区人居环境质量的下降。虽然可以采用一定的手法对城市居住区的空气环境加以改善，但是总显得杯水车薪。因此，要提高城市居住区人居环境的质量，首先应从改善城市人居环境的质量入手。

第一，充分利用地形地貌改善居住区内的小气候。地形地貌与小气候的形成有关。分析不同地形及与之相伴的小气候特点，通过合理地分布建筑与绿化，改善居住区内的小气候，提高人居环境的质量。例如，在山地利用向阳坡布置建筑，以获得良好的日照和自然通风。

第二，绿地与水面结合的降温、增湿、除尘作用。绿地对城市的降温增湿效果，依绿地面积大小、树型的高矮及树冠的大小不同而异，其中最主要的是需具有相当大面积的绿地。在环境绿化中适当设置水池、喷泉、湖面，对降低环境的热辐射、调节空气的温湿度、净化空气都起很大的作用。即使在炎热无风的夏天，由于整个居住区笼罩着热空气，树荫中和水面上的冷空气不断地上升，从而形成上下对流，仍然可以起到降温、增湿的作用。

第三，通过居住区布局加强自然通风。建筑的合理布局所考虑的因素是综合的，包括建筑物的朝向，间距与布局形式的合理选择，室外环境的创造等。而这些问题都要充分考虑当地的地理环境、地方气候的特点，利用其有利因素，控制或改造其不利因素以达到改善城市居住区环境的作用。居住区规划布局的不合理，外部空间安排不当都会造成居住区内部的通风不良。在规划中，应选择良好的地形和环境，以避免因地形等条件所造成的空气滞留或风速过大。在居住区内部可通过道路、绿地、水面、过街楼、架空层等空间将风引入，并使其与夏季的主导风向一致。

### （四）城市居住区声环境的营造

声音分为乐音和噪音两种，乐音使人心情愉快，而噪音使人心烦意乱。凡是杂乱的、无规律的、不和谐的声音都是噪声，会对人体产生极大的危害。居住区声环境主要是研究对城市环境的噪声的防治。

城市居住区噪音的来源除了周围的交通噪音外，不外乎来自区内的商店、菜场、学校、幼儿园及一些服务设施。为了改善不断恶化的城市居住区噪声污染，我国陆续颁布了一系列噪声控制标准，规定了住宅区内的各种允许噪声级。对于城市居住区内的噪声的防治，除了通过居住区选址、规划设计等手段，远离噪声源外，主要有以下几种方法：

第一，绿化防噪。由于树叶、树皮对声波具有吸附作用，经地面反射后又被树木二次吸收，因此绿化对噪声具有较强的吸收衰减作用。防噪绿化应与观赏美化功能结合起来，点状绿化和带状绿化相结合，多树种混合种植，形成高低错落，疏密有致的防噪绿化体系。

第二，规划布局防噪。城市居住区的建筑布局方式与噪声在其中的传播有密切的关系。我国常见的平面布局方式分为垂直式、平行式和混合式三种，其中混合式的噪声污染最小，平行式次之。因此，在居住区沿主干道的一面应减少开口或通过建筑的错位，减少实际开口面积。还有就是在主干道边上设置绿色走廊，形成防噪绿化带在临街设置商业、办公、服务等公共建筑结合广场、人口等活动场所，集中布置居住区内的公共性设施等方法都可以改善居住区内的声环境。

## 二、居住区的生活环境营造

城市居住区生活环境主要指住宅单体的形式、居住区户外空间、景观等被居民所利用的居住物质环境及艺术特征，是城市居住区人居环境中人工创造与建设的结果。层次观对人居环境五大层次的划分，以社区邻里建筑为界，将城市居住区居住生活环境分为室外空间环境和室内空间环境两部分。前者主要着重于对城市居住区户外空间环境。城市居住区居住生活系统主要指住宅单体的形式、居住区户外空间、景观等被居民所利用的居住物质环境及艺术特征，是城市居住区人居环境中人工创造与建设的结果。

## 三、居住区的室外空间环境营造

根据对人的居住行为心理的分析，可以概括性地指出，城市居住区室外空间环境的创造应从以下几个方面来实现：

### （一）创造富有层次的、具有私域性的、可防卫的居住区室外空间

居住行为的安全性可分为物质安全性和精神安全性两方面。物质安全性主要表现在治安安全和人身安全方面，前者主要指防盗问题，后者主要包括防滑、防坠、出行安全等。

行为学家认为，人的行为受动机支配，而动机的形成，则依赖内在条件和外在条件的共同作用。外在条件主要是指外部环境的刺激。犯罪行为也是如此。基于此，可防卫的居住环境的理论机制就是通过物质空间形态表达社会结构内部所具有的自我保护机制，从而减少外部环境的刺激，达到抑制犯罪的产生。在此，潜在的空间私域性和社区意识是建立可防卫居住环境的主要手段。

私有空间是一户或几户居民专有的领域，如阳台、住宅旁绿地，楼前庭院等，是户外领域的核心，私密性最强，防卫能力也最强。半私有空间是居民的家居生活进一步向外延伸的空间，离住宅有一定距离，但仍属于该组团的领域空间，如居住区绿地及小游园等半公共空间是居住区级公共绿地，是公共性较强的领域空间。心理学认为，当一个人受到陌生人视线注视时，会因为所产生的心理张力，无意识地将自己的行为对照周围环境加以规范。如果时刻受到居民的视线监视，当外人进入居住区时，尽管这种监视是自然的、非敌意的，仍可达到控制特定行为的目的，这样就能减少居住区中不良行为的发生。因此，将居住区进行领域的划分，明确它们的归属，从而使得居住区内没有无人使用和管理的消极空间，有利于形成居民的视线监视，加强居住区的可防卫能力。没有领域的城市居住区四通八达，任何车辆、行人都可以任意出入，既影响了居民的出行安全，又对居民的生活产生干扰。

通过分析可知，做好居住区规划和环境设计对于形成积极的户外空间至关重要。在进行居住区室外空间的设计时，把户外空间当作“没有屋顶的建筑”，那么户外空间的设计重点就相当于建筑设计中的平面布局了。在这里，建筑相当于墙的作用。因此住宅单元的定位就成了形成积极户外空间的关键了。另外，城市居住区物业管理对积极的户外空间形成也很重要。居住区缺乏管理，很容易看到一片衰败的景象：杂物乱堆，垃圾遍地，新种树木遭伤害，道路和市政设施被毁坏。在这样的环境里居住，只会令人感到不舒服，不安全。这些无人管理的空间，只能是消极的，是不利于居住的空间。

### （二）促进居住区室外空间的邻里互动，加强社区意识

社区意识是居住区居民对居住区具有的认同感和归属感，它来自居民因共同的利益服务、问题需求、愿望、环境等问题而产生的共同的情境意识，是社会情感的积累。它表现为邻里之间相互帮助的依赖感、个人对所处环境的依恋感以及更深层次的社区关怀、社区亲和力。对于社区意识的提倡，是由于人们在逐渐失去融入自然、造化自然的人文环境的寄托，失去亲切和睦的邻里交往空间与活动场地之后，突然发现他们的生存空间已经异化成以多、高层公寓为主体的居住形式而做成的幡然悔悟。社会学家研究发现，与居民社区归属感强弱相关的主要因素包括居民在社区中居住的时间、人际关系，具体来说主要是认识和熟悉社区居民的数量、社区满意度、对社区活动的参与，等等。

因此，在组织上，建立全新的物业管理机制；在社会学上，强调社区作为生存空间时人类心智健康的影响；在心理上，形成社区居民的共同归属感，强调社区整体环境的和睦，促进人际交往；在居住区物质环境的规划设计上，增强居民的居住满意度，注重居住

区交往空间的设置，从而增进社区居民之间的联系，增强参与感；在城市意象上，深入挖掘居住区的特色，以可识别性和地域建筑文化为追求。

### （三）居住区室外空间创造过程中历史文脉的延续与共生

一个城市和地区总有自己的文化和精神，可以说，这种文化和精神绝大部分来自历史的沉淀和积累，也就是城市的历史文脉。城市居住区是城市的细胞，这个组成单位应充分体现城市的建筑文化传统、居住环境文脉、城市景观环境等要素。地区的历史文脉和居住区的人文环境息息相关，两者相辅相成，互为表里。地区范围内的历史文脉对社区形象有相当大的影响。历史的延续不仅保存于一些遗留下来的古迹和相关的地名，更深刻的还可以包含在地区的居民生活习惯、行为方式里，甚至表现在当地居民意识形态之中。在居住区人居环境的建设中，只有充分挖掘城市的历史文脉，并加以利用，表现于建筑和空间的形式上，形成有特色的社区文化，才能够得到当地居民的认同，让居民对社区有归属感和荣誉感，关心社区的建设与管理。

在对历史文脉的延续的同时，还应注意与历史文脉的共生。这就要求设计者们在设计施工前做好地块历史资源的调查，保留其中有价值的部分，并结合历史文脉在新的建筑环境中的再现，以形成社区文化建设的基调和背景。如上海在分析原有居民居模式的里弄建筑的基础上创造新里弄建筑，北京构筑新四合院的形式等都是一些有益的尝试和探索。

### （四）创造景用结合的居住区室外空间

美观和实用往往是一对矛盾体。随着社会的进步，人们对于居住区内景观环境的要求越来越高，导致一些开发商和设计者在直接利益的驱使下，逐渐走入一味追求美观好看而不顾其实用性的误区，使得一些居住区的设计景观效应很好，但实用性却略显不足，为居民的生活、休憩、娱乐带来不便。同时也不能光强调实用性，而忽视了美观，从而成为景观中的一处败笔，影响整个居住区室外空间的景观效果。

“景用结合”是指将城市居住区室外空间中遇到的各种事物如建筑、围墙、道路、路灯、儿童游戏器械、绿化等，在设计时均从景观效果和实用性的角度去分析，使景观与使用有机地结合。一盏路灯，一条林荫小路，只要设计得合理，都会成为人们眼中的景致，不是单纯地从用途出发，而是使“实用性”与“景观性”有机地结合在一起，达到最大的统一，产生最大的环境效益。充分体现了城市居住区人居环境建设的“以人为本”的人性化思想。

## 四、居住区的道路交通环境

城市居住区的道路交通环境按照人居环境科学系统的划分，应属于支撑环境范畴，它为人类活动提供支持，服务于聚落。对于城市居住区来说，它是人们出行安全、便捷以及生活环境免受干扰的重要保证，因而对于居住区人居环境的影响不可忽视。根据交通现象，可以将道路交通系统划分为动态交通系统和静态交通系统两部分。动态交通系统是指机动车辆、非机动车辆和人的交通组织方式；静态交通系统则是指各种车辆存放的安排。

## （一）动态交通环境

### 1. 道路的功能性

通行功能是居住区道路的基本功能，道路是居民日常生活活动必不可少的通行通道。由于它是家居归属的基本脉络，故又能影响居民的心理和意象。同时，还受经济发展水平、生活习惯、自然条件、年龄和收入等因素多方面的影响。因此，居住区的道路应满足安全、便捷和舒适的要求。它的交通应具有通勤性、生活性、服务性、应急性等属性。在规划结构中，道路是居住区的空间形态骨架，是居住区功能布局的基础。

### 2. 交通组织方式

目前，城市居住区内的交通组织方式根据人与车的接触程度分为无机动车、人车分行和人车混行三种方式。无机动车的交通方式就是采用在居住区外围停车，而不使车辆进入居住区，从而保证了居住区内的绝对安静与安全，但是这种组织方式具有一定的使用限制，就是居住区的范围不能很大，否则仍然会使居住者感到不便和厌烦。因为，人的体力是有限的，如果人们要经过一段很长的路才能搭上交通工具，他会觉得极为不方便，导致对居住区满意度的下降。而人车分行和人车混行两种方式虽然解决了无机动车方式的矛盾，但是仍会对居住区内的环境产生干扰。

### 3. 规划原则

（1）通而不畅，保持住宅区内居民生活的完整与舒适。住宅区内的路网布局包括住宅区出入口的位置与数量，应吻合居民交通要求，应防止不必要的外部交通穿行或进入住宅区，应使居民的出行能安全、便捷地到达目的地，避免在住宅区内穿行。

（2）分级明确，保证住宅区交通安全、环境安静以及居住空间领域的完整性。根据道路所在的位置、空间性质和服务人口，确定其性质、等级、宽度和断面形式，不同等级的道路归属于相应的空间层次内，不同等级的道路特别是机动车道路，应尽可能地做到逐级衔接。

（3）因地制宜，使住宅区的路网布局合理、建设经济。根据住宅区不同的基地形状、基地地形、人口规模、居民需求和居民的行为轨迹来合理地规划路网的布局、道路用地的比例和各类通路的宽度与断面形式。

（4）功能复合化，营造人性化的街道空间、住宅区的道路属生活性的街道，应该同时具备居民日常生活、活动等各种功能。住宅区内街道生活的营造也是住宅区适居性的重要方面，是营造社区文明的重要组成部分。

（5）空间结构完整性，构筑方便、系统、丰富和整体的住宅区交通、空间和景观网络。各类各级住宅区的通路是建构住宅区功能与形态的骨架，住宅区的路网应该将住宅、服务设施、绿地等区内外的设施联系为一个整体，并使其成为属于其所在地区或城市的有机组成部分。

(6) 避免影响城市交通。应该考虑住宅区居民的交通对周边城市交通可能产生的不利影响，避免在城市的主要交通干道上设出入口或控制出入口的数量和位置，并避免住宅区的出入口靠近道路交叉口设置。

## （二）静态交通环境

### 1. 居住区静态交通的组织

道路和停车是不可分割的整体，两者的建设应均衡协调，在住区设置停车场库的目的是供停车使用，保证交通顺畅，给公众提供方便，维持和增加城市功能。

静态交通问题产生的原因主要是：①车辆增长太快，道路交通的建设，特别是静态交通地的建设远远落后于交通的发展；②规划没有给予足够的重视；③缺乏稳定的资金来源渠道；④大型公建及企业停车问题没有得到应有的重视，不按规定配建停车设施，或将已建停车场以种种理由改变其使用性质，把停车矛盾推向社会等。

### 2. 居住区的静态交通设计

合理的静态交通环境取决于一个科学的交通是否具有结构的预测分析和合理的静态交通组织方式。静态交通组织方式有集中停车库、路外停车场和路停车三种。静态交通的环境设计必须满足：第一，在科学合理的预测基础上，确定合理的配置指标并结合整个居住区的规划布局结构，确定合理的布局。第二，停车场与停车目的地的距离要短，机动车在 500 米，自行车在 200 米以内，应设置在昼夜通视好的地点，其位置为大家所熟知的地方，并且对行人、对车辆来说都比较安全的地点，便于组织良好的居住环境。第三，考虑停车场道路的衔接关系，出入方便，交通流线明确，尽量避免不必要的交叉干扰并根据停放场地条件，选择合理的停放、停发方式。根据我国国情，对居住区静态的组织综合几种形式的优缺点，以停车库为主，便于管理在一定的区域。结合组团绿地的设计，利用公共建筑的广场或道路建筑等的地下半地下空间等安排路外停车场。结合人车共存空间的设计安排少量路上停车，或在交通量不大的道路局部拓宽后供汽车、自行车等临进停放等。

## （三）居住区静态交通的设计原则

解决好静态交通的重要手段，就是在居住区建筑规划设计中，充分考虑静态交通的因素，并加以解决。

### 1. 停车位数量从多原则

汽车进入家庭已是经济发展的必然趋势。从社会经济学的角度考虑，建筑规划设计人员不应怀疑这一必然结果。当前，在一些经济发达的沿海地区和一些发达的中心城市，汽车进入家庭已成为客观现实。随着经济的发展，汽车进入家庭的步伐还将加快。居住区建筑的使用期限通常在50年以上，以这样长远的时限来面对汽车进入家庭的趋势，就必须要求建筑规划设计人员坚定地树立起住行结合、车宅一体思想，在居住区建筑规划设计中充分考虑停车位的数量，以适应将来汽车普遍进入家庭的需要。基于此原因，居住区设计中，汽车的停车位宜有充足的数量。另外，有些高档别墅建筑，按每户仅有一个车位来设计，更是缺乏发展的观念。总而言之，停车位在居住区建筑规划设计中宜从多考虑，以适应未来的发展需求，使当今的居住建筑能长久存在。

2. 停车位集中设置原则

居住区停车位的停放设置方式一般有分散和集中两种方式。分散式停放是指停车位分散至居住区内的各个建筑物内或附近，这种方式对居住者出行较方便，但对土地利用及机动车的管理维护不利。一般仅适用少数高档别墅建筑，而对于居住区的建筑规划设计，宜采用集中停放的原则。集中式停放方式是将居住区的车辆集中停放在专门修建的停车场或停车楼，车辆停放完毕，车内人员步行至居所。这种停放方式便于机动车的统一管理，避免了机动车在居住区内过多地穿行，有利于居住区居住环境的营造。同时，这种集中停放方式也有利于节约土地资源，更符合我国的国情，大多数居住区都应考虑这种方式。集中停放方式的缺点是，人员有一定的步行距离，故在设计集中停放场所时，应考虑其服务半径不宜过大。具体规划设计时，不论采用何种方式停放车辆，都应保证居住环境不受机动车干扰，保证居住者行走的安全性和居住的舒适性。

3. 道路系统人车分流原则

居住区的停车位置宜从多考虑，并采取集中停放方式，而道路系统选用人车分流系统，尤其宜采用部分分流系统。近几年，随着汽车的增多特别是私家小汽车的增加，在引起城市居住区空气污染、噪声干扰、景观恶化的同时，也出现了如何合理存放的问题。我国目前的汽车存放方式主要有地面存车、地下存车和住宅底层存车三种。这三种方式各有利弊。地面存车有占用土地，污染环境，破坏景观、不便管理等不利因素，但是造价低廉。地下存车虽然可以较大地改善居住区的景观环境，但是造价昂贵，目前还不能在所有居住区中大规模地采用。而住宅底层存车也有浪费土地资源的弊病，但与地面停车相比具有改善居住区景观、便于集中管理、不占用道路面积、消除视觉环境污染等长处，是介于地面存车和地下存车之间的一种方式。但是当居住区人均汽车拥有量达到一定水平时，这种方式就不适用了。

因此，居住区内的停车问题不能简单地以一种停车方式来处理。设计人员可以三种方式混合使用，同时将停车与道路、景观、绿化结合起来，共同创造一个便于人们使用、与景观共生、造价低廉的居住区停车空间。

## 第三节　城市居住环境艺术设计的环节

居住环境设计包括室内环境设计和室外环境设计两大范畴，人们普遍所说的环境是指室外环境，其构成要素有建筑布局、建筑色彩、环境绿化、环境设施和环境照明等。居住环境设计就是通过以上这些因素的有机结合，为居民创造经济上合理，生活上方便，环境上舒适、安全的居住空间。

现代小区环境设计包括这样的几项程序，分别是项目规划阶段、用地分析与市场分析阶段、概念性规划草案阶段、概念性规划方案阶段、详细规划阶段、报批与融资阶段、场地设计方案阶段、场地设计初设阶段、场地设计施工图阶段、施工配合阶段。

通过上面的表述我们可以得出环境艺术设计的复杂性和系统性，下面可以就以下几个阶段分析以更能了解其程序与环节。

### 一、设计筹备

#### （一）与业主接触

与业主接触时先做初步的沟通和了解，是设计过程中的第一步，也是设计程序中重要的一步。对业主的爱好要求加以合理地配合引导，对业主的设计要求进行详细、确切的了解。

#### （二）资料搜集

针对项目需要搜集的资料，一方面是相关的政策法规、经济技术条件，如规划对环境的要求，政府规定的防火、卫生标准；另一方面是基地状况，搜集关于基地地形地势，以及基地外部设施等方面的资料。

#### （三）对基地的分析

对小区基地的调查与分析是环境艺术设计与施工前的重要工作之一，也是协助设计者解决基地问题的最有效方法。它包括自然条件、环境条件、人文条件等诸多因素。

#### （四）设计构思

基地分析完成之后，接下来就开始设计构思了。设计构思尽量图量化。设计构思可细分为：理想机能图解——基地关系机能图解——动线系统图解——造型组合。

## 二、概要设计

设计筹备阶段之后，设计者正式进入设计创作的过程，概要设计的任务是解决那些全局性的问题。设计者初步综合考虑拟建环境与城市发展规划、与周围环境现状的关系，并根据基地的自然、人工条件和使用者要求提出初步的布局设想。

概要设计由初步设计方案，包括概括性的平面、立面、剖面、总平面和透视图、简单模型，并附加必要的文字说明加以表现。概要设计将前一个阶段中所分析的空间机能关系、动线系统规划、造型组合图发展成具体的关系明确的图样。

## 三、设计发展

设计方案已大致确定了各种设计观念以及功能、形式、含义上的表现。设计发展阶段主要是弥补、解决概要设计中遗漏的，没有考虑周全的问题，将各种表现方式细化，提出一套更为完整、详细的、能合理解决功能布局、空间和交通联系、环境艺术形象等方面问题的设计方案。这是环境艺术设计过程中较为关键性的阶段，也是整个设计构思趋于成熟的阶段。在这一阶段，常常要征求电气、空调、消防等相关专业技术人员根据自己的技术要求而提出修改意见，然后进行必要的设计调整。

## 四、施工图与细部详图设计

设计发展阶段完成后，要进行结构计算与施工图的绘制与必要的细部详图设计。施工图与细部详图设计是整个设计工作的深化和具体化，是主要解决构造方式和具体施工做法的设计。

施工图设计，也可以称为施工图绘制，是设计与施工之间的桥梁，是工人施工的直接依据。它包括整个场所和各个局部的具体做法以及确切尺寸结构方案的计算、各种设备系统的计算、造型和安装各技术工种之间的配合、协作问题施工规范的编写及工程预算、施工进度表的编制等。这一阶段，因技术问题而引起设计变动或者错误，应及时补充变更图或纠正错误。

## 五、施工建造与施工监理

“施工建造”是承包工程的施工者使用各种技术手段将各种材料要素按照设计图的指示实际地转化为实体空间的过程。在居住环境艺术设计中，由于植物以及动物具有生命力，使植栽、绿化的施工有别于其他施工、施物方法，直接影响植物的成活率，同时也影响到设计目标能否被正确、充分地表现出来。设计师要定期到施工现场检查施工质量，以保证施工的质量和最后的整体效果，直至工程验收，交付使用。

### 六、用后评价与维护管理

“用后评价”是指项目建造完成并投入使用后，所有使用者对于设计作品功能美感等方面的评价及意见，以图文形式较好地明确反映给设计师或者设计团队，以便于他们向业主提出调整反馈或者改善性建议。使用后的维护管理工作必须时刻进行，才能保持环境清洁，是建筑物、构筑物及设施不被破坏，保持植物或者动物的正常生长，确保使用者在环境中的安全、舒适、方便。这样才能保持以及完善设计的效果。

居住环境艺术设计是一项具体的、艰苦的工作。从整体设计程序来看，一个好的设计师不但要有良好的教育和修养，还应该是出色的外交家，能够协调好在设计中接触到的方方面面的关系。从小区环境艺术设计的筹备工作到工程结束，环境艺术设计不再只是一种简单的艺术创作和技术建造的专业活动，它已经成为一种社会活动，一种公众参与的社会活动。

## 第四节　城市居住环境艺术设计的要点

### 一、居住区的规划与布局

#### （一）规划布局的基本要求

(1) 尊重自然生态，保护自然生态环境。自然环境是不可再生的资源，绿色是健康的保障，是衡量现代健康住宅价值的硬标尺，它们在微妙地影响着居民情绪。居住小区总体规划，一定要尊重自然，而不是征服自然。重视对地形地貌、植被、水体等自然因素的保护与利用，将之视为丰富小区环境建设、创造特色的宝贵素材。充分结合周边可资利用的自然与人文环境因素。尊重城市总体规划。从城市形态、城市环境、周围环境的整体角度把握小区的功能布局、景观构架等，将小区融入城市环境中去，成为城市地区有机组成部分。比如，湖州东日鱼潭小区的环境设计，利用小区南部的现状河流大做文章，以此作为着眼点贯穿到整个小区的规划中去。设计把休闲步行区、广场和中心绿地布置在小河的两岸和水紧密地相联系。小区的主干道顺着水的走向而布置。组团的设计也是尽量使居民可以方便地欣赏水景。小区的规划设计突出“水”的特色，以“水”为主题，形成了具有江南水乡风韵的居住环境。

(2) 在保护自然环境的前提下，空间容量适度，保证住宅的容积率。

(3) 规划布局时充分考虑住宅的日照间距以及当地的主导风向，营造小区整体良好通风、日照等效果，户户开窗见绿，户户能组织良好的穿堂风。尽可能多地利用太阳能和自然通风，节约能源。合理使用水资源，实现雨水、排水蓄水化以及污水处理循环化，以达到水资源的良性循环。

（4）在绿化系统设计方面，尽可能形成具有生态功能的网络并与周边城市绿地系统相连接。还要与各种场地、住宅建筑空间、公共建筑环境结合，为创造优美的生态居住环境提供自然基础条件。保证绿地面积，提高居住环境质量。

（5）合理布局，使每一组团、庭院各具特色。居住组团设置邻里庭院。它是邻里交往的社会环境，使居民享受阳光、空气、绿地的室外环境，而且家庭生活空间的扩大与延伸，也是老人与儿童休闲活动的场所，邻里庭院重要的生活空间，所以在规划中要确定合理的居住组团规模，一般约为一户，同时结合地形，布局灵活、错落有致，适当围合。并且符合地方风俗习惯，住宅群的布置符合居民的居住心理和居民行为特征的要求。比如，深圳万科“四季花城”各个组团分别以花命名，组团空间各具特色。

（6）住宅类型，别墅、多层住宅、高层住宅相结合，高低错落，以满足不同使用者的要求。建筑的布局、造型及细部处理要反映出地方的特色。绿化、坡地、水系和铺装等设计要注意协调统一、有机结合。

住宅单元设计型式要便于灵活布局，可按套型、层数、标准一致的单元集中在同一组团，便于形成统一的建筑群，避免杂乱无章。

小巧别致的别墅群宜布置在紧邻中心绿地，绿化的最佳地段，相互衬托，起了点缀居住区景观的效果。

多层与高层住宅各成独立组团，沿小区周边干道一侧布局，可尽量利用其底层开敞空间布置公共设施如商业网点、健身休闲设施等，还可设地下车库解决停车问题。结合环境，使空间造型生动，以起到美化街景的作用。

## （二）居住区规划结构模式

小区内室外空间是人为创造的各种各样具有特定功能的室外环境，在小区中大量住宅建筑和配套公建的群体组合，单体建筑的墙面、各种建筑小品树木、绿化与不同材料的地面铺装都是限定的因素、小区各类室外空间可根据建筑群体布局进行空间领域的划分，行列式布局的小区横竖贯通，很难进行空间领域的划分。若采用小区—组团—院落三级结构模式或小区—院落二级结构模式，室外空间划分层次就较为明确。

### 1. 小区—组团—院落三级结构模式

采用小区—组团—院落三级结构模式的小区规划设计的特点是组团划分明确，以道路或绿化加以分隔，突出组团一级的功能在空间序列设计上作为一个层次，有明确的组团公共空间作为组团中心，在公建的配置上有组团级公建，如小型商店、服务及居委会管理用房，在绿化设计中有组团级绿化。组团的规模一般 300 ～ 800 户，以 500 户左右为一组团者居多。组团内建筑群体的平面布置有院落组合式、院落与单幢住宅组合式、多幢住宅组合的大庭院式、里弄式等多种形式。

（1）院落组合式，组团是由几个院落所组成。每个院落由两幢住宅围合而成，在一个组团内有的是以形状和大小都相似的院落组合而成，也有的是以形状和大小都相同的院落组合而成。这种形式的院落较小，有利于邻里交往。

(2) 院落与单幢住宅组合式，这种形式多由一个以住宅围合的院落和点式单幢住宅建筑组合而成，单幢住宅在布局上也设有必要的庭院，这种院落与单幢住宅组合的组团建筑布局形式在小区规划中采用较多，其主要优点是建筑布局灵活，可以充分利用边角地，有利于节约用地，同时也使组团内空间富于变化。

(3) 多幢住宅组合的大庭院式，这种形式由多幢条形住宅组成，一般组团外围采用周边式布置。内部有的呈环形院落。有的在大庭院内布置单幢住宅。

(4) 里弄式，有些组团建筑布置吸取了行列式布局的优点，以错开排列的手法避免住宅四周贯通、不便划分空间领域的缺点，在住宅端头适当加以围墙或利用自行车棚遮挡，使其具有安全、方便、易于交往的里弄式民居特色。

2. 小区—院落两级结构模式

采用小区—院落两级结构模式的小区规划设计的特点是以多个院落组合成一个小区，取在管理上由几个院落组合成相当于组团级的管委会，不设组团级中心、组团级公建和绿地。淡化组团、强化院落，强化居民活动最频繁的邻里院落，用院落空间提高居民的领域感，促进居民之间的交往。加强居民对院落空间的管理意识。院落的规模在 10 ～ 180 户，由大小相似、平面布局和院落形式空间各异的多个院落组成小区—院落的两级结构模式。

院落的布局有串联式、套院式和自由式等多种形式。其组合形式与住宅套型、单元、组合体的设计紧密联系。可利用转角单元围合院落，以条式和转角单元拼接组合而成，转角单元之间以自行车库连接，使院落一侧封闭，一侧开敞，开敞程度随住宅组合不同而变化，院落空间环境宜人。也可以南北向住宅单元错接围合院落，替代转角单元和特殊单元，这种做法可以保证每户住宅都有好朝向的房间，错接单元的数量可多可少，增加了随意性，布置灵活，同时也可使住宅设计的类型相对减少，提高设计标准化程度，建筑立面和光影富于变化。

## 二、居住空间与环境构成设计

### （一）空间构造

由若干空间组成一个空间群，可以形成一个完整的空间序列。利用空间之间的分割与联系，既可使空间有对比变化，又可借空间的渗透增强空间的层次感。居住区室外空间层划分明确，为室外空间序列设计的完整性提供了有利条件。从小区主要入口处起作为前导空间，有的主入口设置小区标志，结合地面铺装成小广场和停车场，引导居民进入小区。在前导空间内注意入口对景的设置，有的对景是中心绿地，有的是以公建作为对景，利用周围建筑、绿化、虚实对比的手法使前导空间构图完整、景观丰富，具有良好的艺术效果，使居民进入小区就感到亲切。从前导空间到空间序列的中心，公共空间成为居住区空间环境的精华所在，设在此处的公建如托幼、活动中心建筑造型丰富，色彩明快，注重室内外环境的结合和过渡，常设有内院露台、廊与室外绿化、水面、小品相结合，成为供全区居民交往、活动、观赏、休闲的中心地带。其他层次空间如半公共空间、半私有空间或其他过渡性空间是整个空间序列的组成部分。这些空间因其数量、大小、形状、组成不同成为空间序列设计的颗颗明珠，使整个小区空间序列更为完整，居民在小区各处都感到舒适、优美、富有情趣。

一个场所通常具有一个可以影响人的力场。这种场是一种言语，抑或不是一种言语。自然之力在意念中对人产生着影响，而且只有当人有意识地去接受它时才变得更为清晰。通过这句话我们可以理解如何创造空间场所具有的重要性了。我们在营造居住环境空间时，会对景观做一定的功能区分，但通常有这样几种形式作为基础。掌握了它们的制作、效果等内容，也便是拥有了设计居住环境的几项基本方法。

### 1. 挡土墙

挡土墙所采用的形式一般要根据建设用地的实际情况，再经过结构设计来确定。从结构形式分，主要有重力式、半重力式、悬挂式和扶臂式 4 种。从形态上分，有直墙式和坡面式。挡土墙必须设置排水孔，一般为每 3m$^2$ 设置一个直径 7mm 的排水孔。墙内宜敷设渗管，防止墙体内存水。钢筋混凝土挡土墙必须留设伸缩缝，配筋墙体每 30m 设一道，无筋墙体每 10m 设一道。

### 2. 坡道

坡道是交通和绿化系统中重要的设计元素之一，直接影响到使用和感观效果。居住区道路最大纵坡斜角度不应大于 8%；园路不应大于 4%；自行车专用道路最大纵坡控制在以 5% 内；轮椅坡道一般为 6%，最大不超过 8%，并采用防滑地面；人行道纵坡不宜大于 2.5%。

园路、人行道坡道宽一般为 1.2m，但考虑轮椅的通行，可设定为 1.5m 以上，有轮椅交错的地方其宽度应达到 1.8m。

### 3. 台阶

台阶在园林设计中起到不同高程之间的连接作用和引导视线作用，它可丰富空间的层次感，尤其是高差较大的台阶会形成不同的近景和远景效果。

台阶的踏步高度和宽度是决定台阶舒适性的主要参数。台阶的踏步高度以 15 ～ 25cm 为宜，一般室外踏步高度设计为 12 ～ 16cm。低于 10cm 的高差，不宜设台阶，可以考虑做成坡道。台阶长度超过 3 米或需改变攀登方向的地方，应在中间设置休息平台。

平台的宽度应大于 1.2m，台阶的坡度一般要控制在 1/4 ～ 1/7 范围内，踏面应做防滑处理，并保持 1% 的排水坡度。为了方便晚间行走，台阶附近应设置照明装置，人员集中的场所可依据水流效果确定，同时也要考虑儿童进入时的防滑处理。

4. 花盆

花盆是景观设计中传统种植器的一种形式。它具有可移动性和可组合性，能巧妙地点缀环境，烘托气氛。花盆的尺寸应适合所栽种植物的生长特征，有利于根茎的发育。一般可按以下标准选择：花草类盆深 20cm 以上。

花盆用材，应具备一定的吸水、保温能力，不会引起盆内过热和干燥。花盆可独立摆放，也可以成套摆放，采用模数化设计能够使单体组合成整体，形成大花坛。花盆用栽培土，应具有保湿性、渗水性和蓄肥性，其上部可铺撒树皮屑作覆盖层，以起到保湿及装饰作用。

5. 树池箅

树池箅是树木根部的保护装置，它既可以保护树木根部免受践踏，又便于雨水的渗透和行人的安全。树池箅应选择能渗水的石材、卵石、砾石等天然材料，也可以选择具有图案拼装的人工预制材料，如铸铁、混凝土、塑料等，这些保护树面层宜做成格状，并能够承受一般的车辆荷载。

6. 入口造型

小区入口形态应具有一定的开敞性，入口标志性造型如门廊、架、门柱、门洞等要与小区整体环境及建筑风格相协调，避免盲目追求豪华和气派。应根据小区规模和周围环境特点确定入口标志造型的体量尺度，达到新颖简单、轻巧美观的要求。同时要考虑与保安值班等用房的形体关系，构成有机的景观组合。

住宅单元入口是住宅体现院落特色的重要组成部位，入口造型设计（如门头、门廊、连接单元之间的连廊）除了功能外，还要突出装饰性和可识别性。要考虑安防、照明设备的位置和无障碍坡道之间的相互关系，达到色彩和材质上的统一。

## （二）硬质景观设计

居住环境基本空间构成要素分为硬质与软质两类。硬质景观是相对种植绿化这类软质景观而言的名称，泛指用质地较硬的材料组成的景观。硬质景观主要包括雕塑小品、围墙、栅栏、挡墙、坡道、台阶及一些便民设施等。雕塑小品可以与周围环境共同塑造出一个完整的视觉形象，同时赋予景观空间环境以生气和主题。以其小巧的格局、精美的造型来点缀空间，令空间宜人而又富有意境，从而提高整体环境景观的艺术境界是其特点。雕塑在布局上一定要注意与周围环境的关系，并需要恰如其分地确定雕塑的材质、色彩、体量、尺度、题材、位置，展示其整体美、协调美。

音响设施在小区户外空间中，宜在距住宅单元较远地带设置，且选择小型音响设施，并适时地播放轻柔的背景音乐，以增强小区空间的轻松气氛。音响设计外形可结合景物元素设计。

### 1. 出入口大门

出入口大门是限定和联结内外空间的通行口，它不仅具有让人流、车流集散的功能，还要能起到标志、分隔、保卫及装饰的作用。另外，门作为入口重点处理，在心理上具有多方面的意义，它标明领域的界限和入口；反映领域的人格和占有者的身份；具有强烈的象征性意义，特别是它能给人以强烈的起始刺激。对门的设计应注意以下要点：

（1）在布局上要靠近居民的主要活动区，使人流出入便捷方便，集散安全迅速。既不影响城市交通，又要与社区建筑群体有机联系，成为社区建筑群体空间环境的组成部分。

（2）门，作为入口，是内部领域空间序列的开始；作为出口，则是内部空间序列的终端，又是街区环境空间的起点。它关系到内外两个领域的起承转合，必须注重其正反两面的造型处理，对内成为造型优美的社区环境小品建筑，对外成为丰富城市景观的城市小品。

（3）门的造型设计应根据内部领域空间的大小和性质、道路及交通状况、内外环境的特点来综合考虑，力求与整体环境相协调，造型新颖有个性，具有强烈的可识别性和地标性。

（4）把握合理的尺度，使人感到亲切、轻快。并注意其他附属设施的设计。

（5）设计应衬托和渲染出内部领域的环境氛围，对所在环境起到活性化的作用。

### 2. 座椅

座椅在社区居住环境中如同室内一样，是最常见、最基本的“家具”。观赏、休息、谈话和思考是座椅同时兼备的服务内容。在布局上，应遵循并适应人们的活动规律，一般设置在适于人们安静休息、交往方便、景色优美的地方，如花坛与花池旁、树旁、水池旁、台地上及休憩性的场地内等；设置的数量要根据领域空间环境的特点综合考虑，一般座位的数量越多则场所的公共性越强；造型、选材、色彩等应根据所在环境特点和使用者要求不同来设计。

### 3. 室外自行车架

自行车架是自行车停放场地的主要装置，是社区生活与环境中的必要设备。它的设计应以提高车架本身的空间存放率、使用方便、造型多样、坚固耐用为原则，并应注重满载和空载时的视觉效果。

### 4. 卫生箱、垃圾箱

社区居住环境中的卫生设施，不仅保持社区环境卫生，也反映了社区居住环境的景观特点。

卫生箱在环境中起着小型垃圾箱的作用，主要布置于休息、候车、买卖等行人停留时间较长且易于丢弃废物的场所。为了便于人们利用和管理，卫生箱的设置应尽量靠近休息座位、贩卖亭点和散步道侧，在造型处理和安放位置上，不要过分突出，要给人以洁净感，便于清洁卫生，且具有一定的艺术性。

垃圾箱是存取垃圾弃物的大型设备，有箱式、桶式、斗式、灌式、窖式等种类。它是影响社区居住环境的重要因素，与居民的生活密切相关。它的设置应使居民使用方便，服务半径以不超过60米为宜，位置宜隐蔽，要注意与主导风向的关系，应满足能够通行取运垃圾车辆等要求。材料选择上以结实耐用，便于冲洗、清理为原则。

5. 围墙与栅栏

在社区居住环境中，围墙与栅栏主要用以分隔内外空间领域，防止车辆、行人的侵入，保证内部安全，同时还具有一定的导向性能，并起到净化视觉空间和丰富景观的作用，根据不同的情况，可采用实墙、漏墙、栅栏、栏杆、段墙、护柱、柱墩等形式。围墙和栅栏的设计与造型应使它的形态、色彩、高度、材料等与被围限环境的性质、特点相呼应，与环境中其他要素一起构成一个有机的整体。

## （三）软质景观设计

由大树、行道树、树群、灌木丛、草地等围蔽的空间为软质空间，它能在园林及建筑环境中起到观赏、组景、分隔空间、庇荫、防止水土流失、美化地面的作用。主要分为园林及园林花卉和草坪等几类，包括乔木类、灌木类、藤木类、露地花卉、温室花卉、冷季型草坪、暖季型草坪，等等。常用的园林植物有千余种，若将形态各异、花色繁多的植物应用好，则需深入研究与不断实践总结。

1. 树木

树木的不同树种、不同色彩、不同花果、不同肌理、不同造型等都是造景的重要因素。而树木采用不同的配植形成（如孤植、对植、丛植、群植、林植等）可以产生不同的景观效果。树木的配植应与周围建筑及环境设施进行对话，产生关联，应根据不同环境的性质、功能、特征，以及整体环境的限定，对树木进行有目的的配植，从而提高环境的质量。树木的配植应把握以下几方面的基本要点：

（1）根据不同领域环境，把握基调树种，树木配植在保持统一性和连续性的同时，亦要表达其丰富性和个性，有一定的地方特色。

（2）树木的大小、高低应与所在环境的尺度及空间层次相适宜，同时与周围树木等协调，注重整体效果。

（3）把握树木的生长习性，注意树木的层次、形态、花期、色调，以及成长快慢的搭配，注意常绿树与落叶树，速生树与慢长树，乔木与灌木草坪等的搭配。

2. 草坪

草坪具有保持水土，降低地表温度、调解温度、生态和视觉等功效，更重要的是它利于人们的运动和坐卧休息等。草坪有自然式和规则式两种不同规划布置形式。在居住区中，应大力提倡种植草坪。

配植草坪应综合考虑草种的地理特性，耐阴湿、耐践踏性能，是否常绿，繁殖力如何，观赏价值的高低，以及造价投资和管理等各项因素。并根据整体环境的需要，结合树林、建筑、室外环境设施、路面等，进行精心的设计。

3. 花坛

花坛是在具有一定的几何形状的种植容器内，以各种低矮的观赏植物，配植成各种图案的花池。花坛是城市环境中应用最广泛的组景手段，它对维护花木、点缀景观、突出环境意象很有作用，装饰性极强。根据植床的种植高度及内容不同有花坛、花台、花池、花镜之分；根据设计形成的不同，可分为独立式花坛、带状花坛、花坛样、花坛组群等形式。

花坛的设计，应根据整体环境的特点来确定花坛的设置数量、组合形态等，花坛及花坛群的外形轮廓和面积大小应与场地环境相呼应，并根据其不同的造景特点区别对待。如：花坛以平面观赏为主，所以植床一般不宜太高；而花台则讲究种植参差不齐、错落有致的观赏植物，以平视观赏植物本身的姿态、线条、色彩和闻香等。

## （四）居住区灯光设计

环境照明通常是影响环境特性的重要因素之一。环境照明的功能是：帮助车辆和行人安全地行动；有助于维持公共秩序和安全；把城市景物照耀得舒适宜人。主要有路灯和装饰照明。路灯是城市环境中反映道路特征的照明装置，为夜间交通提供通行之便。它是环境照明中数量最多、设置面最广，并占据着相当高度，在城市空间中作用重要的划分和引导因素，是景观设计中应加以关注的内容。装饰照明主要用于衬托景物、装点环境、渲染气氛、吸引夜间游人等。

环境照明设计的目标是为人们创造舒适、愉快、兴奋的生活环境。设计时应注意以下几个要点：

（1）照明设施是影响环境特征的要素之一，它的功能并不限于夜间照明，良好的设计与配置还必须注意其白天的装饰效果。

（2）应注意不同视距对不同种类路灯的不同观感和设计要求，避免杂乱，总的目标是不突出而又和谐。

（3）它的高度、造型、尺度、布置等应根据不同情况下的不同特点，进行合理的设计，造型不宜过于烦琐，应别致、新颖，切忌千篇一律。

（4）环境照明讲求艺术创造性，更应重视科学性的照明质量。科学合理地确定辉度、照度梯度、造型强度、光源色度、灯源高度、间距和照度（LX）等。

（5）灯具的设计和选型，应防水、防腐、防爆，便于维护保养和管理。

### （五）居住区环境色彩设计

人类生活在一个五彩缤纷的世界中，任何物体均具有形态和色彩。人们无时无刻不与色彩发生关系。绚丽的色彩会给人以美的享受，丰富人们的生活，陶冶人们的情操。

色彩是造型艺术中最易创造气氛和传达情感的要素。利用色彩能做到既不提高造价，又能达到变化无穷的目的，从而使本来简单、枯燥的环境物变得华丽动人。因此它是环境造型中最经济、最有效的手段。

在社区居住环境色彩设计中应注意以下几点：

（1）利用色彩来完善和统一建筑及小品设施，并加强造型的表现力。在构筑物的型体创造中，可充分利用色彩的冷暖、色相、明暗、进退、轻重感来加强构筑物的立体感和空间感，从而增强其造型的表现力；在复杂多变的状况下，可利用色彩将其整理、归纳和概括，以寻求统一、获得整体感；另外还可以利用色彩来完善建筑的造型，使建筑活泼有趣、易于识别和增加生活环境的情趣，从而提高环境设计的质量。

（2）利用色彩来丰富建筑群体空间造型。住宅建筑由于其功能要求、材料施工等各种因素的制约，群体空间易于形成千篇一律的单调局面。这时，可利用色彩来丰富群体空间造型。

（3）利用色彩创造一定的意境。在体现设计的目标性及设计构思方面，色彩是最灵敏、最富有情感的，也是最能体现设计意图和意境创作的。

（4）利用色彩表现社区居住环境的风格特征，体现其标志性。

综上所述，社区居住环境的色彩对社区整体居住环境的形成具有积极的作用。在设计过程中，应根据不同的社区居住环境特点，居民的不同的心理、生理要求，及视觉艺术设计的准则等，恰当地、科学地运用色彩，为人们创造一个高雅、美观、亲切、舒适的社区居住环境。

## 三、城市居住环境艺术设计的创新性

环境设计的创新与其他的设计一样，依赖人的形象思维活动。在形象思维活动中，人们脑海中出现的是一系列有关具体事物的形象，特别是具有“有感性”特征的形象画面。这种构思中的“创造的思想”，实际上就是该形象思维的一种表达方式，同时创新最重要的是构思上具有创造性。构思活动是一种复杂的设计过程，是由表及里的分析、综合、比较、概括，由抽象思维到具体的形象化过程。环境设计的创新性是最能反映小区空间与设计者内心世界关系的一种因素。因此环境设计创新应以立意为先，将环境理念与创新作为指导设计的纲目，使建筑与环境融为一体达到建筑、环境、人与空间交融的景象。

### （一）虽由人作，宛自天开

居住环境设计，讲求疏朗与紧凑，使营造出来的景观体现近景、中景、远景三个层次，方可构成许多富有变化的空间效果。设计创意中常以假山、花木、景廊、景墙等掩挡视线，以水面延伸拓展小区空间画面，使景物显示出层次与变化，因天论时，因地塑景，因人表色，往往通过时空分析与设计达到天地人和之雅境。

### （二）小中见大，大中有小

居住环境空间总是有限的，而自然风景却给人以无限的感觉，因此宜于运用小中见大，大中有小，虚中有实，实中有虚的园林设计手法，可使有限的空间产生无限的景观层次，使小面积富有大空间之感。例如，成都“中华名园”小区在环境设计上，采用空间开合、院落相套、明暗处理、高低对比、景廊引导，使占地不大的小区环境表达出景园众多、景色深邃，景序生动、层次丰富的意蕴。当人们走进小区，走过一个个小区景观空间带，可以伴随情感波动，深感空间的变化。在小区悠闲漫步的时候，有悠悠舒畅之意，也有豁然开朗的兴奋之感。

### （三）水路相依，路回水转

中国骨子里的环境艺术情节，妙在含蓄。

小区步行道可为曲折，路直显平淡，路曲添情趣。小区的水面可内向弧线设计。水面小，多为集中处理；水面大可为葫芦形平面布局；水面窄处可设拱桥；水面宽处可设曲桥。

### （四）布局有度，穿插渗透

大多数小区景观环境，主要是山、池、树、小品与房屋的空间组合，并使各个空间有开有合，相互穿插渗透。造景创意往往是内部空间通过门、窗、廊达到互相流通，并以虚实明暗作对比。外部空间则用石、山、树、池，进行有限的划分，组织大小不同的空间，并由亭、廊等建筑物穿插组合，相互流通，构成丰富多彩的环境景观。我们知道建筑空间是有限的，景观环境却给人以“无限”的感觉。

## 四、城市居住环境设计的形式感

环境设计是一门综合的学科，必须具备科学性与艺术性两个方面的高度统一，设计中既要满足景观造型的主体风格，又要通过艺术构图原理，体现个体与群体、组团与建筑，等的有机联系。在设计个体时不失群体的控制，规划总体时不忘个体的造型。在对整体与个体的景观构图时，应充分体现形式风格统一原则。

### （一）构图与布局

居住区环境设计在构图上，一般分为对称式和非对称式两种。

1. 对称式

对称式的形式，可体现出雄伟、壮观、严肃、均衡的气氛。对称构图形式主要表现为，一个主体和两个或多个配体的构成。主体部分位于中轴线上，其他配体从属于主体。功能上较为对称的布局，要求环境景观设计也要围绕轴线对称。

2. 非对称式

非对称式的形式比较自由活泼，景观主从结合可以灵活布局，不强调轴线关系，功能分区宜划分多个单元，可以使主体环境景观形成视觉中心和趣味中心，并不强求居中。注意，非对称景观设计时应结合地形，自由布局，顺其自然，强调功能。

## （二）色彩与对比

1. 色彩的处理

在环境艺术设计中，应注意统一色彩基调，注意色彩的地方性表达、民族性表达以及重点处理的色彩表达。例如用植物烘托建筑景观，创造“万绿丛中一点红”的意境，其中，基调色彩为绿色调，点状的红色为景观表达的重点。

2. 对比的手法

居住区环境色彩在环境景观设计中，应注重主景与配景的对比，主景为主体，占主导视觉地位；配景为从属，其体量不可过大。例如大园与小园的对比，大园气势开阔、通透、深远，环境内容显繁杂；小园封闭、亲切、曲折，环境内容显精雅。大园强调建筑景观组景，小园强调环境景观多样。

## （三）统一与格调

1. 形式统一

在居住区环境设计中，建筑屋顶形式是表达风格的主要内容之一，其他如雕花门窗、油漆彩画、绿地环境等均应统一在建筑的主体风格内，做到在整体上把握风格形式，个体上把握细部特征。

2. 材料统一

居住区环境中的内容是多样的，应将这些内容按风格进行材料选择的设计，这些内容的材料尽可能地统一。例如，亭子的顶部材料统一用琉璃，假山叠砌统一采用湖石或黄石，园灯选择统一采用风格形式，桌凳造型统一用仿木桩等。

3. 线条统一

建筑形态的统一以屋顶形式和体量论之；植物形态的统一以姿态和色彩论之；假山形态的统一，应以材质和大小论之；水体形态的统一，应以水面的收与放而论之。因此，要注重环境中景观整体造型上的线条统一，同时还应注重景观对象的细部处理，应与主体建筑、景观和谐。

## （四）气韵与节奏

### 1. 气韵

中国画十分讲究气韵，有气韵方可出神采，环境设计创意很重要一条就是对设计中气韵的把握。也就是说，只有把握气韵的设计特点，所设计的成果才能表达出形式和意境美，达到构图宜人，形能达意，态势生动，空间有序等。例如，水的气韵是随着水的流动速度和水的落差高度而表现不同。

### 2. 节奏

节奏的基础是排列。排列的密与疏，犹如中国画中的黑与白。若有良好的排列，就会具有良好的节奏感，有良好的节奏感，就会产生合拍的波动感，这种波动无论体现在建筑景观或植物景观上，都可使设计对象具有活力和吸引力。例如，建筑群屋顶形式的重复和景廊中柱子的重复，均体现了景观中的节奏和韵律。

## （五）比例与尺度

### 1. 空间比例

所谓“比例”是指景物在形体上具有良好的视觉关系，其中既有环境中本身各部分之间的体块关系，又有景物之间，个体与整体之间的体量比例关系。这两种关系并不一定用数字表示，而是属于人们感觉上、经验上的审美概念。和谐的比例可以引起美感，促使人的感情抒发。

在环境设计中，任何组织要素本身或局部与整体之间，都存在某种确定的数的制约及比例关系。这种比例关系的认定，需要在长时间的环境艺术设计实践中总结和提高。古代遗留下来的许多古镇街道、民居院落，都是我们认真学习和研究的样板，特别是亲情、人情、乡情为我们点明了以人为本的景观创意理念，合理地把握他们之间的比例关系，对居住环境设计创意有直接的指导意义。例如古代四合院的设计，揭示了许多良好的，具有浓厚人情味的比例关系，它表现在院子与院子之间，正房与厢房之间，植物与建筑之间，人与建筑及植物之间，等等。

### 2. 尺度

尺度是指人与建筑、环境之间所形成的一种空间关系，这种特定的空间关系，必须以人自身的尺度为基础，环境景观的尺度大小，必须与人的尺度相适应，这在环境设计创意中是非常重要的。这种概念就是以人为本，强调传统文化中具有亲和性的人文尺度。

### （六）联系与分隔

1. 中心景区与组团景区

中心景区与组团景区都不是孤立存在的，彼此都有一定的空间关系，这种关系，一种是有形的联系，如道路、廊，水系等交通上的相通；一种是无形的联系，如各类景观相呼应，相互衬托，相互对比，相互补充等，在空间构图上造成一定的艺术效果。

2. 围隔与景观

“园必隔，水必曲。”首先，园与园之间，“隔”应充分体现自然，水与水之间，“曲”应适应水面的变化。其次，通过空间的隔围，可引起大与小，阻与透，开与合，闹与静等对比效果。例如在景观设计中，常常用院落分隔建筑，粉墙分隔景区，水面分隔环境，植物分隔景观，道路分隔区域，等等。

## 五、城市居住环境设计的文化性

凡致力于人与自然、人与人的和谐关系，致力于可持续发展的文化形态，即是环境文化。环境文化是人类的新文化运动，是人类思想观念领域的深刻变革，是对传统工业文明的反思和超越，是在更高层次上对自然法则的尊重与回归。中国环境文化是对中国传统文化的继承和发展。

中国传统文化的纲领之一是“天人合一”，包含人与自然协调，人与天调，天人共荣。因此人与自然和谐是永恒的主题。住宅小区是把居住建筑建在绿色的自然环境中，在绿色环境中向往回归自然的乐趣。“虽由人作，宛如天开。”居住建筑要融会到环境中而形成整体。随居民物质及精神生活水平逐渐提高，对居住小区的环境设计不仅要求功能方面要实用、合理，而且要求具有文化的内涵。这也是居住小区环境设计的新趋势和新课题。居住环境的文化内涵的关键因素之一。

在居住区环境艺术设计的文化性上，首要的问题是选题材。这值得借鉴我国传统园林艺术中的“借景”手法。汉文字“借”同“藉”，就是凭借什么来造景。借景从文学艺术中的“比兴”而来，借物比人，托物言志，使观者产生见景生情的兴致。讲究“巧于因借，精在体宜”，即根据不同的地宜来巧借其中的某些因素。居住区要使居民“安居”“乐居”，因而要营造安静无哗却有寻趣、找乐的环境。这就是住宅小区文化内涵的特色——居住文化。

最后，在居住小区环境中总量既要控制，单体体量也要控制，一个组团中有几个有文化内涵的布置，包括小品布置，要求与周围环境统一。艺术最难处理的是火候，少嫌不足，太多又过。恰如其分则是尽可能地完美。文化内涵的效果由居民客观判断，忌自以为是，主观从事。真正好的作品将使人们身临其境，不由得感受到一种深深的历史和人文的气息。

# 第六章　城市广场景观艺术设计

在城市规划与建筑设计之间缺乏的一个中间环节，便是城市设计。城市广场设计则属于城市设计的内容之一。城市设计是城市规划和建筑设计之间的桥梁，它是从城市整体出发，具体地对某个城市、某个地段、某个街道、某个中心、某个场所进行综合设计，即城市设计的范围很大，大到可以是整个城市，小到一个广场、街道、院落、建筑、构筑物、小品。其目的就是为了提高城市环境的质量，从而改进人的生活质量，给人带来可能的、最大的便利与舒适，给人以美的感受，以实现千百年来人们对城市的美好构想。

## 第一节　广场的分类

### 一、广场的概念

从广义角度来说，广场的概念十分宽泛，这与广场的形成历史与发展特点有关。在人类还没有掌握建筑生产的时期，人类主要是在空旷的场地上活动，后来人类逐渐掌握了房屋建造技术，便形成了许多建筑内部空间，这样就产生了室内与室外两种不同空间场所，而人们通常将室外空间场地称之广场。

广场最早出现在公元前 8 世纪的古希腊，称为“Agora”，这个词是集中的意思，表示人群的集中，也表示人群集中的地方，后来这个词也被用来表示广场。

对广场的英文有两种翻译。一种是 Plaza，意为中间有喷泉的十字交叉路口，是从古罗马引申而来。因为古代围绕水源，就会有很多路延伸过来，人们取水时聊一聊天，休息休息，在水源旁边就形成了一种聚集性空间，这也是 Plaza 式的广场的最初定义，现在这类广场应该指的是多条道路交叉汇合处形成的交通性广场。另一种是 Square，通常是指由建筑围合成的规模较大、形态比较规整的空间，应该是与交通广场性质不同的其他广场。

然而，广场一经诞生，便随着城市的发展而发展，现在人类进入了具有高度文明的现代城市时期，广场必然又被赋予了更为深刻和丰富的内涵，同时也会同其他事物一样，被人们从不同的角度给予不同的定义。

综合来看，城市广场是为了满足多种城市社会生活需要而建设的，以建筑、道路、山水、地形等围合，由多种软、硬质景观构成的，采用步行交通手段，具有一定主题思想和规模的城市户外公共活动空间。其中城市社会生活包括政治、文化、商业、休憩等多种活动；主题思想指所表现的城市风貌、文化内涵以及城市景观环境；户外公共活动空间是指它是公有的，谁都可以进入，这一点是十分重要的。

## 二、广场的作用

广场，作为城市公共空间环境的主要形态之一，越来越受到重视和关注，这是因为广场的城市功能和社会作用日益突出。它是城市公共社会活动的中心，它为集会盛典、文化娱乐、节日休闲、旅游观光、文艺演出、瞻仰游览、强身健体等活动提供了宽广的空间，它已经成为人们日常生活和进行社会活动不可缺少的场地。其主要作用归纳如下。

### （一）是城市的“大客厅”

人们常常做这样的比喻，整个城市好比一幢大的居住建筑，那么街道就是建筑的通道，建筑物的室内空间可以相当于私密性较强的卧室或者书房，能够称得上客厅的就是城市的广场。因为，城市的广场可以作为人们散步休息、接触交流、购物、娱乐等活动的场所，具有用于公共生活的用途。所以，如同家庭中的起居室能使人更加意识到家庭的存在一样，广场会使居民在这个“起居室”中也能意识到社会的存在，意识到自己在社会中的存在。

人们普遍认为城市广场是城市的精华所在，而广场被誉为城市的客厅，这一说法来源于拿破仑，圣马可广场始建于 10 世纪初，后来成为世界上最卓越的建筑群和城市空间之一，也是世界上最精致的广场之一。无论从广场的平面组合、空间构成、建筑物的配置、立面造型、细部装饰，还是广场上的视觉效果，以及广场与整个城市、大海、河流的结合，可以说达到了形体环境和谐统一的艺术高峰。千百年来，它不知道吸引了多少人在这里流连忘返。

### （二）是交通的枢纽

人们普遍认为，广场是城市道路系统的一部分，是行人、车辆通行和停驻的场所，所以，它应该是城市交通系统的有机组成部分。特别是城市中多条干道交会处形成的广场，以及城市多种交通会合转换处的广场，如站前广场、港前广场等，起着交会集散、缓冲、联系、过渡及停车作用，合理地组织着城市交通，成为城市交通的连接枢纽。

另一方面，不同的街道轴线可以通过广场连接起来，以加深城市空间的相互穿插和贯通，从而增加城市空间的深度和层次，为城市美奠定基础。

### （三）促进共享作用，给城市生活带来生机

广场是城市居民进行公共活动的场所，也是人们的共享空间。为了有利于广场内各种活动的开展，仅有场地（空地）是远远不够的，还必须引进不同的建筑，安排各种小品设

施、配置绿地等，方便人们在广场内进行各种活动，为人们的共享创造必要的条件，从而也强化城市生活的情趣，构成丰富的城市景观。

现代城市广场在规划设计上越来越重现，除了一些功能单一的政治集会广场、交通广场以外，一般都要考虑为来到广场上的不同层次、职业、年龄、目的的人创造轻松、愉悦、舒畅、惬意的氛围。如在广场是否留有足够的空地或者草地，布置溜冰场、水池、喷泉、雕塑、看台、茶座、座椅等；人们或坐、或躺、或谈、或看、或玩，都会感到舒坦、惬意，在心理上得到极大的满足。广场上有民间艺人、艺术团体的表演，总会吸引围观人群，形成共享。广场上这种特殊的氛围丰富点缀着城市的生活。可见，广场是提供这种共享条件的最好场所。从这一点来看，广场的作用还体现在它能够帮助人们减轻在快速运转的城市中所带来的心理压力，给人们留出一块“喘息”之地。所以，工作和学习之余，充满共享之乐的广场也就成为人们的好去处。可见，没有广场的城市是不健全的。

## 三、广场的类型

由于现代城市生活的复杂和多样，也导致了广场类型的复杂多样性。

### （一）不同性质的广场

城市广场的性质取决于它在城市中的位置与环境，主体建筑与主题标志物及其功能等。而现代城市广场越来越趋向于综合性的发展，因此按性质分类也仅能以该广场的主要性质进行归类，一般可分为以下几类：

#### 1. 公共活动广场

公共活动广场包括市民广场、中心广场、文化广场等。

这类广场是城市的主要广场，也是多功能广场，主要供居民平时进行游览、娱乐、游憩、锻炼等一般活动。这类广场多布置在城市中心地区主干道附近，方便市民到达。一般中、小城镇可设置一个，而能利用体育场兼作集会活动场地的小城市和县镇，可不考虑集会用地。大城市还可分市、区两级设置，且具集会功能。

这类广场集中成片绿地的比重一般不宜少于广场总面积的 25%，其形状大多为规则的几何图形，然而不论哪一种形状，其比例应协调，对于长与宽比例大于 3 倍的广场，无论从交通组织、建筑布局和艺术造型等方面都会产生不良的效果。因此，一般长、宽比例在 4 ∶ 3、3 ∶ 2、2 ∶ 1 为宜。同样，广场的宽度与四周建筑物的高度也应有适当的比例，一般以 3 ～ 6 倍为宜。

#### 2. 市政广场

这类广场多建在市政府和城市行政中心所在地，是市政府与市民定期对话和组织集会活动的场所。因而有的将其也归纳为上一类广场，也可单独称为集合广场。它与繁华、喧闹的商业街区有一定距离，以利于创造稳重庄严的气氛，所以广场周围建筑群一般也是对称布局，标志性建筑位于轴线上。同时，广场应具有良好的可达性和流通性，以满足大量密集人流的串通。由于市政广场主要目的是供群体活动，所以应该以硬地铺装为主，同时可适当地点缀绿地、水体和小品。

### 3.（交通）集散广场

这类广场具有城市交通枢纽的功能作用，主要解决人流、车流的交通集散。根据在城市中所处的位置，又分为交通广场和集散广场两类。

集散广场是指设置在城市对外交通枢纽处（如车站、港口），以及室内大型文体设施前，供人、车集散用的广场。按照它所处的不同位置又分为站（港）前广场，如火车站、汽车站、民航港、水运港前的广场等；大型公建前庭广场，体育馆、展览馆、影剧院等前的广场。它们虽均属于集散广场，但人流的集散特征不相同，因而在规划布置上亦各有其特点要求。

### 4. 交通广场

交通广场指的是城市干道交汇处或城市道路与城市桥梁交叉处的广场，前者称为环形式广场，后者叫作桥头广场。

环形式广场就是通常说的环岛，以圆形为主，也有椭圆形的。有些中央绿岛规模较大，不仅用于组织途径车流与人流转向，而且准许人们从规定通道进入内部休憩，有的甚至布置成绿化小游园。环形广场往往位于城市的主要轴线上，因为通常是主要道路交叉形式，所以其景观对形成整个城市的风貌影响甚大。因此，除了配以适当的绿化外，广场上常常还设有重要的标志物，形成道路的戏景。

桥头广场设计时应注意结合河岸地形，若滨河路与其他道路平交时，通常也是放置环形绿岛。

### 5. 纪念广场

纪念性广场是在城市中修建主要用于纪念某些历史人物或某一历史事件的广场，通过人们的瞻仰、游览，以达到缅怀过去、深受教育的目的。如遵义会议会址、广州农民运动讲习所、烈士陵园前所设的广场；有的城市在广场上设置革命历史文物、烈士塑像、历史人物塑像、纪念碑等也成为纪念广场。如上海外滩的陈毅广场、南京渡江胜利纪念广场、哈尔滨防汛纪念广场、南京中山陵纪念广场等。

### 6. 商业广场

商业广场包括集市广场和购物广场，是城市生活的重要中心之一，供居民购物，进行集市贸易活动。商业广场常配合商业步行街（区）设置。

购物广场以各种商品交易为主，商业广场大多位于城市的商业区，也是商业中心区的精华所在，因为人们在这里可以观察到最有特色的城市生活模式，在购物之时充分享受城市客厅的魅力，从而形成了一个富有吸引力、充满生机的城市商业空间环境。

在我国这类广场比较多，如上海城隍庙、北京王府井、苏州玄妙观、南京夫子庙、天津劝业场及文化街等。

集市广场以农副产品交易为主，广场实际上是把购物和集市二类广场组合起来，集市广场相当于综合市场，一般比较靠近居住区。

7. 休闲娱乐广场

这类广场是专供人们休息、玩耍、娱乐的场所，在现代社会中，它已经成为广大民众最喜爱的、重要的户外活动场所。因为它最能使人轻松愉快，人在其中可以“随心所欲”。它不像前几类广场，都有一个中心，所有要素都为此中心服务，而这种广场整体是无中心的，它只是向人们提供了一个放松、休憩、游玩的公共场所。设计时要求无论面积大小、空间形态、平面布局、小品座椅、水体绿化等都要符合人的环境行为规律及人体尺度。广场的位置也要灵活选择，可位于市中心，也可位于小区内，还可置于一般街道旁，以方便人们的不同需求。这类广场有休息广场、康乐广场、步行广场、游戏广场、喷泉广场、音乐广场、公园广场、滨江广场等。

现代城市广场越来越趋向于综合性发展，即城市中不少广场是起着多功能的作用，比如，无论传统的还是现代的广场，一般都有休闲娱乐的性质，哪怕是功能十分明确的交通集散广场，也有供人们休憩之作用。通常大城市及一些中等城市往往布置有多种类型的广场，而小城市及县镇的广场类型则比较简单，可考虑综合利用，即一个广场，兼有多种功能。如体育场可以兼作群众性集会活动广场，在主要商业服务设施集中的道路交叉点或转角处设商业、文化活动广场、纪念性广场，与公共活动广场等合在一起。

## （二）不同形状的广场

从广场平面形态看，广场可分为规则形和不规则形两类。

规则广场，可以是由一个基本的几何图形构成，也可以由多个基本几何图形构成，如梵蒂冈圣彼得广场、巴黎协和广场、巴黎旺多姆广场、罗马市政广场、北京天安门广场、法国南锡广场群等。从这些广场平面可以看出，规则形广场有较明显的纵横轴线，主要建筑物往往布置在主轴线的主要位置上，容易突出主题。而规则的复合型广场，则能提供更多样化的景观效果。

不规则形广场又称自由形广场，是受多种原因影响所致，如用地条件、历史条件、环境条件、设计观念、建筑物布置要求等。这类广场普遍是在高度密集的城市空间中局部拓展的空间区域，具有较好的围合性，周边建筑的连续性构成了广场的边界，其形状完全自然地按建筑边界确定。设计时不刻意追求形状，而是抓住主题，形成规模适宜，视觉良好，独具风格，环境宜人的城市空间。

在广场设计中，对广场的平面形态不必去强求规整和对称。现在不少城市的广场设计偏爱规划形式，以至于增加拆迁量，也容易造成广场形状的千篇一律。事实上，不规则、不对称的广场比较容易形成自己的特色，首先在形状上就与其他不同，不规则的空间，可以通过周围建筑物给人以统一协调的印象。

历史上有很多广场是不规则、不对称的，如圣马可广场，对于不规则的空间，除非很有锐角，一般是不容易被人发觉的，甚至很不规则的空间，由于相邻建筑物的外墙面更加吸引人的注意力，所以给人的印象还是统一协调的。

## （三）不同空间形态的广场

与上一类广场不同，这类广场是从剖面上来划分广场类别。

### 1. 平面型广场

此类广场是城市中最常见的，主要表现为广场空间在垂直方向没有变化或者变化很少，基本上处于相近水平层面。正因如此，容易出现广场缺乏层次感，景观特色单调的问题。所以，现代城市中的平面型广场比较注意利用局部地形高差的变化，变平铺直叙为错落有致，已经逐步在向立体化发展。

### 2. 空间型广场（立体型广场）

立体型广场不同于平面型广场的立体化，广场的整体在垂直向度上至少有两个差位的空间，城市平面为一个空间，另一个空间或高于、或低于城市平面空间，因此能解决不同交通的分流，也因此分为上升式广场和下沉式广场两种类型。

上升式广场多是把步行广场放到车行交通上，下沉式广场（盆地式）与上升式广场相反，步行广场低于地面车行交通，这样既能解决不同交通的分流问题，又能在喧嚣的城市外部环境取得一个安全、宁静的广场空间，所以下沉式广场在当代城市建设中应用更多。由于高层建筑的箱形基础可以作为地下空间来利用，因此下沉式广场是高层建筑底部重要的公共空间，常常结合城市空间、入口空间、中厅空间来设计，能创造出令人难以忘怀的空间形象，并能够增强城市空间和建筑的趣味性和独特性。

下沉式广场与上升式广场比较下的优点：

(1) 不破坏原有的建筑环境。上升式广场因为高于地面，容易影响原有的建筑周围，带来视线干扰等问题。

(2) 易形成一个封闭安静的独立环境，达到“闹中取静”的目的。在下沉地面上种树挖池，设置雕塑和小品，气氛静谧，鸟瞰效果极佳，可形成有特点的自然风景，适合开辟景致、气氛宜人的休憩区。

(3) 可以达到更丰富的建筑效果，在下沉式广场上看周围建筑，会增加这些建筑的高度感，造成“看着高，其实不高”的视觉效果。

(4) 不易对周围建筑产生噪声影响，而平面型和架空式广场上发出的噪声，往往会影响周围建筑的居民。

# 第二节　广场设计的原则

广场设计是一种创造性的行为，为了做好一个广场的规划，必须遵循一定的基本原理和原则，并按照一定的工作程序，综合考虑广场设计的各种因素和各种需求，才能做出好的方案。总之掌握广场设计的基本方法是非常必需的，尽管它对我们主要是以指导意义为主。

广场设计要解决的不仅是设计技巧和具体的造型，设计原则及其思想方法也是首先要解决的问题，而这些设计原则应该是从生活实践中提炼出来的，我们应该注重以下几方面。

## 一、整体性原则

作为一个成功的广场设计，整体性是最重要的，它包括功能整体与环境整体两方面。

### （一）功能整体

现代化广场设计的趋势之一就是要建设多功能复合性广场，即一个广场应具备多样功能。这里必须指出，在多种功能中需要有主次之分，也就是说任何一个广场都应该满足一定的主要的功能需求，即有一定的主要目的性，这样的广场才会有明确的主题，才有较强的实际意义。

一般广场的功能可以归纳为三种：即物质功能、精神功能和审美功能。物质需求是人们的基本需求，而精神、审美需求则是高层次的需求，通常希望它们在广场中能同时有所反映，以分别满足人们对广场的这种物质和精神需求。但对于不同类型的广场，由于人们的要求不同以及环境和景观设置的不同，广场的这三种功能肯定会分别有所侧重。功能整体也即一个广场应有其相对明确的功能，在这个基础上，辅以相配合的次要功能，这样的广场才能主次分明，特色突出。例如纪念性广场。

纪念广场是以精神功能为主，物质和审美功能为辅。因为人们来到广场上会通过对主题思想和主体景观的理解与认识，而从中得到教育和感悟。主体是有一定纪念意义且反映精神内涵的景观，它的主题思想十分明确，并通过其主体景观表现出来。比如纪念某人的雕塑；纪念某一历史事件的纪念碑；纪念某一时代的纪念性建筑；等等。这类广场的整个组织是以反映主题思想的景观为中心，其余均处于次要的地位来烘托、渲染主题，以便营造某种气氛，表达某种特定的意义，达到给人们精神上带来寄托和启迪的目的。同时审美功能和物质功能也不缺少。纪念碑独特的形象，广场空间良好的视觉条件，就是为了满足人们的审美需求，而广场设置的绿地、座椅、石凳、步道、台阶等又是为了满足人们的物质需求。正是由于二者的配合，才使哈尔滨防洪纪念广场既主次鲜明，又能满足人们的不同需求。这就是广场设计做好功能整体的目的。

### （二）环境整体

环境整体同样重要，它主要考虑广场环境的历史文化内涵、整体与局部、周边建筑的协调等问题。特别是在广场建设中，要妥善处理好新老建筑的关系，以取得统一的环境整体效果。

在城市中，旧的建筑量大，分布广，是城市空间的基调。大多数的新建筑需要在已有的空间环境中发展和扎根。因此在同一个可见的空间中，不同时期建筑的共存是不可避免的。它们的共存、共处构成了环境的多样与协调，并使得环境更具意义，所以应该予以重视。这里所说的旧建筑不仅指有重要历史价值和文物价值的建筑，也包括一般性建筑。在建设中的总规则，除一些有重要历史价值和文物价值的古建筑应该受到保护外，一般的旧建筑在与新建筑和谐结合时应该进行合理的改造与利用，使其融入改建后的新空间中去。对于广场环境来说，能够丰富广场的内容，增强其文化的内涵，表现时空连续性，提高观赏性是极其重要的。

为了使新旧建筑有机结合，和谐协调，具体处理方法如下。

#### 1. 相似和谐

此方法重在保持与原有对象的一致性和相似性，如在形、质、色方面存有一定的共同之处而求得完整统一，达到宁静、温和的总体效果。

#### 2. 对比和谐

此方法与相似和谐反其道而行之，它是以刻意突出与原有对象个性的差异和不同，采用曲与直、高与低、垂直于水平等对比手法达到协调统一，以获得鲜明生动、活力十足、动感强烈的总体效果。

当然，追求环境的整体效果，还可以采用渐次变化，借鉴连续体等不同的方法。如旧金山的吉拉德利广场，是举世公认的把保存的旧建筑改造为现代用途的成功案例。它在一座被废弃的基地上，合理利用原有的建筑，适当增加一些新建筑，再用金属和玻璃组成回廊、楼梯、竖井等，把各幢新、旧建筑连接成一个整体，并围合成两个广场。

## 二、生态性原则

体现可持续发展的生态思想，是城市规划与城市设计必须遵循的一大原则。

广场作为整个城市开放空间体系中的一部分，与城市整体的生态环境联系紧密，因而强调生态原则十分重要。广场设计的生态性原则主要从两个方面体现。一方面是规划的绿地、花草、树木应与当地的生态条件相适宜；另一方面，广场设计要充分考虑本身的生态合理性，注意利用阳光、地形、植物、水体等趋利避害。

21世纪初始，我国很多地方都还存在广场设计中只注重硬质景观效果，泛大且空，植物仅仅作为点缀和装饰，疏远人与自然关系等问题。可喜的是，近十多年来，已有越来越多的城市积极回应并认真对待生态城市的建设，在城市中心地区开辟大量的广场绿化空间。如上海、大连、南京、青岛等地发展很快。不过，值得注意的是，我们不仅要重视城市整体生态建设，还应该多注重立体绿化，以增强其实用价值及生态价值。例如北海、深圳等地的广场立体绿化做得很成功。

### 三、多样性原则

多样性是指广场在具有主导功能的同时，还应该具有多样化的空间表现形式和特点。广场是为人的需要而设置的，在进行广场设计时，除了要考虑大多数和普遍人群的需要，还要综合兼顾特殊人群，如残疾人的使用要求。因为广场是市民活动的平台，人们共享的空间，任何人都可以使用它，残疾人也不例外。因此，在广场规划与设计时，必须根据残疾人的缺陷与弱点做出无障碍设计。另外，设置在广场上的设施性质和建筑功能也要求多样化，因为它们是为人们服务的，就应该满足人们的多样化需求，所以广场上的设施和建筑应该是集纪念性、艺术性、娱乐性、文化性、休闲型、服务型为一体。

以上所述的广场设计三大原则，实际上综括起来就是以人为本的原则。在广场规划设计中只要充分考虑全体大众的需求，以大众心理上、行为上、生理上为基础，坚持贯彻整体性、生态性和多样性原则，就能让城市广场真正成为为人享受、为人喜欢、为人向往的公共活动空间。

## 第三节　广场设计原理与方法

### 一、广场的布局与构思

开展任何一个广场的规划设计，首先要有全局观念，必须考虑三方面的问题：形象、功能和环境。

形象对应景观。富有特色的广场景观不仅能满足人们的审美需求，成为市民心中的形象，还能创造城市形象。城市广场是城市形象最显著的形象代表，可以成为城市的标志和象征，也可以打造城市的品牌。特别是位于城市中心区或城市入口处的广场，如市民广场、中心广场、站前广场等，具有窗口形象和门户地位。城市广场常被作为城市空间形态中的重要节点。所谓节点是指城市中的战略要点，如道路交叉口、车站码头等出入口、方向转换处，或者是控制整体空间环境的视觉中心等，亦称为城市的“核”，是居民可以进入并参与社交活动的焦点，也是城市形象的构成要素之一。由此可见，广场在城市中有十分重要的地位，所以必须重视它的形象问题。

功能对应使用。不同的情况会产生不同的使用要求，我们谈及功能和使用，其核心问题就是人，在考虑满足人的物质需求的同时，也要满足人的精神需求。

环境对应生态作用与绿化作用。现代城市中的居民，希望更多地接触大自然，因此在广场设计中应建造更多的利用自然环境因素较多的“绿色广场”。但不能简单地套用古典园林造园手法，应追求广场设计构思的独创性。

## （一）广场的布局

以上三方面是我们在做任何一个广场规划时都必须考虑的问题，它们在设计中怎样体现，其中非常重要的一点就是一定要做好广场的总平面布置，也即平面布局一定要清晰、合理。布局结构清晰将会大大增强人们在这一场所的安全感、自我感和秩序感，从而产生美感。要做到这一点，主要依靠功能分区明确、交通流线清晰、主体形象突出以及构图简洁明快。

一般情况下，广场需要许多部分来组成，设计时要根据各部分功能的相互关系，把它们组合成相对独立的单元，使广场布局既分区明确，又能使用方便。

人在广场环境中活动，并以人的步行交通成为广场中的活动主体。所以广场交通流线设计要以为人们创造安全、舒适的步行环境为主来进行全盘考虑，使各部分相互联系方便、快捷。从主要考虑人的步行活动来看，为了给人提供便捷的路线，广场布局应按人的行走习惯来设计。有人专门对人在某广场上的行走路线做了记录，发现几乎每个人都是以最短路线穿过广场，说明了人们在步行时都有爱抄近路的习惯。当然广场上供人行走的地方不是都必须铺出一条道路来，只是在广场上设置小品、绿地、建筑及其他设施时应该注意按人的行走习惯留出通行空间。其实凡是室外道路，不一定仅限广场，都应该按人的行走习惯设计。

抓住广场的主体内容作为设计重点。如以精神功能为主的广场，主体具有纪念意义，重点是反映精神内涵的景观；以物质功能为主的广场，人是主体；以审美功能为主的广场，主体需经过艺术加工，给人带来美的享受的景观。设计时要善于抓住主题，善于利用处于从属地位的环境要素来烘托和渲染主体，使主体形象更为突出。

总体构图不要刻意追求某种形式，只要能突出广场主题特征，有丰富的空间环境，体现服务于人的思想，构图上越简化越好。当然，简化也不可走极端，不能简化到仅仅一块空地，主题与功能作用一无所有是不行的，所以，构图的简化要有前提。因为这样既符合规划中讲究的经济合理性，又容易使广场形成各自的风格。但如果一味追求某种形式，甚至盲目模仿，将会适得其反。

事实上，古今中外凡是比较好的广场，在平面布局上基本都能做到清晰、合理，构图简洁。

### （二）广场的构思

在广场总体设计构思中，总的来说，既要考虑它使用的功能性、经济性、艺术性等内在要素，同时还要考虑当地的历史文化背景、城市规划要求、周围环境以及基地条件等外界因素。

## 二、广场的艺术处理

比较完美的广场设计，不仅讲究功能性、经济性、实用性和坚固性等，还必须要有一定的艺术性，所以须做到对广场进行艺术处理。即要求广场有适合的比例与尺度；需要良好的总体布局、平面布置、空间组合以及细部设计的相配合；能考虑到材料、色彩和建造技术之间的相互关系，从而形成较为统一的具有艺术特色的整体造型。

## 三、广场的特色创造

特色就是个性，个性就是与众不同。广场的特色就是指一个国家和民族在特定的城市中所体现出来的时代性、民族性和地方性，使它表现出与其他广场不同的内在本质和外部特性。它能使人们产生区别于其他广场的印象。

个性特色的创造不是简单地对环境“梳妆打扮，涂脂抹粉”；也不是靠套用别人现存模式，或设计师心血来潮的凭空臆造。它要求对城市广场的功能、区位与周围环境的关系进行分析，在了解当地文化传统、风俗民情的基础上，利用新技术、新工艺、新材料和新手法，追求新的创意，才能使城市广场既有鲜明的地方特色，又有强烈的时代特征。一个有个性特色的城市广场，不仅使市民感到亲切和愉悦，而且能唤起他们强烈的自豪感和归属感，从而更加热爱他们的城市和国家。

## 四、广场设计手法

建筑学中关于手法的解释很复杂，但我们可以简单地把手法理解为方法，同时要明确手法与方法有所不同。方法一般指具体的操作技术，而手法相对来说比较抽象，主要涉及设计对象的形式和风格上的问题。对于广场的设计而言，确定其总体布局形式和风格特色又十分需要，因此我们有必要弄清楚关于广场形式的设计手法。

人们在做广场设计时总会运用形式美的规律，即多样而统一的法则。所谓多样而统一意指在统一中存在变化，在变化中寻求统一的方法。反之，仅仅只有多样性就会显得杂乱而无序，仅仅只有统一性又会显得死板、单调。所以，一切艺术设计的形式中都必须遵循这个规律——即多样而统一的有机结合。

下面的几种设计手法，在设计应用时，需要根据实际对象，灵活地掌握和运用。

## （一）广场形式的轴线控制法

这里提到的轴线其实并不存在，但它却让人能感觉到它，因此它具有控制广场布局的作用。广场上的各种空间要素，需按轴线对称关系进行设计。运用这种设计手法，能够使广场布局严整、规则，形成庄重、肃穆、雄伟的气氛。所以，古今中外有不少纪念性广场或政治集会功能较强的市政广场、中心广场都采用了这种轴线设计法。为了突出广场主体的崇高性、纪念性，一般都将其布置在中轴线上，形成广场的视觉中心。如天安门广场、古罗马圣彼得广场、巴黎南锡中心广场群、华盛顿中心区纪念广场、罗马市政广场、巴黎旺多姆广场、南京中山陵纪念广场、巴黎明星广场等。

当然，也有一些广场虽采用轴线对称布局，但并不为追求严整、庄重，而是为了获取简洁、明快、大方和清晰的效果，如上海人民广场、凡尔赛宫前广场、纽约洛克菲勒中心广场等。所以，轴线设计法不一定仅仅为纪念性或政治性广场所采用。

## （二）广场形式的母题设计法

在广场空间各构成要素的界面和造型处理中，采用一个或两个母题形式或符号，如某种形状、色调、线条等，或某种处理方式、某种设计手法等，在设计中，把它们的某一种元素反复地使用、复制，然后进行排列组合或变化，使广场具有整体感，以达到相互向心的协调统一。如威尼斯的圣马可广场，平面形状以梯形为母题进行排列组合，周围各建筑的主面以拱券为基本母题，不仅使建筑物协调一致，也使整个广场达到和谐统一。又如意大利佛罗伦萨的南泽塔广场。广场上的立面建筑物都采用了拱廊这一母题形式，形成了广场完整而又统一的空间。

## （三）广场形式的特异变换法

广场以一定的形式、结构以及关联的要素形成主旋律，然后加入局部不同形状或组合方式等的变换使得广场形式更为丰富和灵活。

## （四）广场形式的隐喻、象征设计法

这种手法无须直白的表露，而是将想要反映的某种思想、内容或主题经过提炼处理后再表现出来，让人在联想中得到收获。

# 第四节　广场空间的环境设计

广场空间环境设计包括形体环境设计和社会环境设计两个方面。形体环境包括建筑、道路、树木、场地、座椅等所形成的的物质环境；社会环境包括各类社会活动所形成的环境，以及人的心理感应与产生的行为活动，如欣赏、嬉戏、交往、聚会、购物等。前者为社会生活提供了场所，对社会行为起到容纳和限制作用。二者如果能相互适应，形体环境就能够满足人的生理和心理需求。在广场空间环境设计中，它们二者的关系表现为社会环境是设计的基础和依据，形体环境是设计的具体内容，并将通过社会环境来评价其效果。其中，以形体环境设计为主，一般只要这方面设计合理，是能与社会环境相互适应的。单从形体环境来说，比较理想的广场应该是周围建筑物明显地能将广场划分出来，尺度宜人，广场是朝南的，有足够的座位和人行活动的铺地，喷泉、树木、小商店、茶座等设施齐全，有较好的可达性等。当然，做广场设计不能只考虑形体环境所包括的各种因素，一个广场在形体环境方面效果如何，是通过社会环境来衡量的。具体来说，它是通过人的心理感受和行为活动来评价的。所以，进行形体环境设计，应该以社会环境为基础和依据。在进行广场空间环境设计时，应注意以下几方面。

## 一、广场用地类型与构成

### （一）广场用地类型

广场用地的类型包括铺装用地、绿化用地、通道用地和附属建筑用地 4 种。从规划设计和管理的角度，城市广场用地可做如下分类。

1. 按使用功能和外观特征划分

（1）铺装场地

指承载市民集会、表演、赏景、游憩、交往和锻炼等广场活动行为，用各种硬质材料铺装的用地。

广场最基本的功能是容纳市民的户外活动，铺装场地正是以其简单而具有较大的宽容性，可以适应市民多种多样的活动需要。

铺装场地还可划分为复合功能场地和专用场地两种亚类型：①复合功能场地：没有特殊的设计要求，不需要配置专门的设施，是广场铺装场地的主要组成部分；②专用场地：在设计或设施配置上具有一定的要求，如露天表演场地，某些专用的儿童游乐场地等。

（2）绿化用地

指广场上成片的乔木、灌木、花卉、草坪及水面等用地。

广场是城市生态系统的重要组成部分，其中的绿地作为对城市过度强化的人工环境的一种平衡，发挥着不可替代的作用。正是因为这种原因，现代城市广场的绿地比例大大高于传统城市的广场，广场面积越大，绿地比例亦越大。通过精心配置而形成的广场绿地，具有围蔽、遮挡、划分、联结、导向的作用，可以对广场空间环境气氛进行烘托和渲染。

依据市民是否可以入内活动，该类用地可分为两种亚类型：

①人可进入的绿化用地

以承载市民各种活动为主要功能，乔木宜用高大、荫浓的种类，树木枝下净空应大于2.2 米。

②人不可进入的绿地

以调节人的心理与精神，增加景观的观赏性为主要功能。阳光颤动下的绿叶红花，微风拂面的舒畅，水面的映趣和水景的千姿百态正是广场最富魅力的所在。

（3）通道

指广场中主要用作人、车通行的用地。它是为联系不同的广场区域而设置的专用空间。可按宽度划分为主要通道与园路两种亚类型。依据广场规模的大小，主要通道宽度为 3 ～ 6 米，园路的宽度为 1 ～ 3 米。

需要指出的是，广场作为人群聚集的场所，把通道与活动场地结合布置，既能解决人流高峰时的交通疏散问题，又可在平日人流不多时兼做活动场地，提高场地空间的利用率。

（4）附属建筑用地

指广场上各类建筑基地所占用的用地。主要建筑类型有：游憩类，如亭、廊、榭等；服务类，如商品部、茶室、摄影部等；公用及维护类，如厕所、变电室、泵房、垃圾收集站等；管理类，如广场管理处、治安办公室、广播室等。

这类用地所占面积不大，但却是不可缺少的。不少建筑可以结合广场地下空间来设置。

### 2. 按是否直接承载市民的活动划分

（1）人可进入的区域

指直接承载市民集会、表演、赏景、游憩、交往和锻炼等活动的用地。又可细分为硬地、树林、过道、游戏及表演场地等小类。广场面积越小，该用地比例应该越大，否则将无法满足市民活动对场地的需求。

（2）人不可进入的区域

指在广场中限制市民入内活动的绿地、水面、小品设施等用地。这部分用地以观赏为主要功能，是相对封闭的空间。

### （二）广场用地构成

#### 1. 影响广场用地构成的因素

（1）与广场的用地规模有关

一般说来，广场规模大，绿地的比例较高；反之亦然。

（2）与广场的类型有关

市级、区级中心广场重视环境和景观的创造，绿地的比例往往偏高；新区广场与市民各项活动关系密切，铺装场地的比例较高；与公共建筑结合设置的广场中，因为这类公建规模较大，铺装场地比例也会高一些。

（3）与建设条件、地点有关

场地内有树木、水面可利用的广场，绿化用地的比例较高；在市中心地区建设的广场若结合地下空间的开发，其附属建筑用地就会少一些。

#### 2. 广场用地构成建设指标

广场用地构成的确定既要保证市民正常活动的需要，又不宜形成过大的硬地面积，造成广场的景观与生态效能下降。按照《公园设计规范》的规定，公园的绿化用地比例应大于 65%。而广场毕竟不是公园，所以一般来说，广场用地构成中绿化用地比例不应超过公园的绿化用地比例。考虑到我国城市一般地块的绿地覆盖率近年来已有了较大提高，广场的绿化用地比例不应小于 35%。同时，建议城市广场的用地构成按照广场规模进行分级控制。

广场规划设计不仅要合理确定广场的用地构成，更要考虑广场内各种用地的复合性，使得一块用地能承担不同的功能，以便充分发挥广场用地的多功能。

## 二、广场的规模与尺度

### （一）广场的规模

广场的规模即广场用地面积的大小。一般由广场用地类型及其构成来决定。广场规模大小与许多因素有关，首先是与广场所具有的功能密切相关，所以设计时需要讲究广场大小与其性质功能相适应。面积过大或过小的广场都难以给人留下好印象；大而空的广场对人具有排斥性，无法形成一个让人可感觉的空间，往往导致失败；小而局促的广场则使人产生压抑感；而大小适中的广场才会有较强的吸引力。一般具有特殊性质和主题性的广场，如政治集会、纪念性广场，应有相适应的规模以满足其特殊需求，这主要考虑集合时需容纳的人数来确定。有达到可容纳数千人到上万人的此类广场，如北京天安门广场、上海东方广场、长春人民广场等，规模均在 8 公顷以上。

一般性的市民广场，无政治、集会、纪念等特殊性质，在城市中占多数，广场的大小应根据其使用人数和建筑物的规模来决定，主要根据主体建筑物规模来确定。考虑到人们对广场建筑物的视觉要求，通常在体型高大的建筑物的主要立面方向，应相应配置较大的广场。不过也有例外。

除此之外，任何类型的广场其用地面积大小还与所在城市的规模大小有关，也与其服务范围大小有关。建设部颁布的《城市道路交通规划设计规范》中关于不同广场用地面积的规定，显然与城市人口多少有关。

但实际上我国有些城市广场尺寸确实有些偏大，特别是与国外的相比。根据对欧洲中世纪优秀的城市广场调查，一般认为城市的一般性市民广场的最佳尺寸应在 60 米 ×150 米 =0.9 公顷。超出这个尺寸，广场空间就难以界定。前面介绍的国外一些较好的现代城市广场，其面积都不大，如澳大利亚墨尔本市政广场为 0.6 公顷；纽约洛克菲勒广场不到 0.5 公顷；纽约佩雷广场约 0.04 公顷；佛罗伦萨长者会议广场为 0.54 公顷；圣马可广场 1.28 公顷。

由此可见，我国广场用地面积确有偏大现象，起码对节约城市用地是不利的。为方便居民使用，城市中广场的数量可以规划多一些，而面积小一些。现在我国一些城市已经逐渐认识到这一问题，开始引导广场向小型化、多功能方向发展。

不过，也有些广场因为功能复杂的要求，用地面积确实需要大一些。如常德市站前广场，根据该火车站的级别，高峰日游客量为 1400 人，按照国家规范规定的 2 公顷用地是足够了。但是，若是结合城市开发建设的要求，该广场不仅要满足停车、疏散等交通方面的功能，还要承担城市广场的其他功能。因此，规划时在 2 公顷的基础上又增加了 4 公顷作为城市广场用地。这样常德市站前广场的总用地就达到了 6 公顷。

建设部、国家发改委、自然资源部、财政部四部委联合下发通知，进一步规范了对城市广场规划设计的规模要求：建设城市游憩集会广场的规模，原则上小城市和镇不得超过 1 万平方米；中等城市不得超过 2 万平方米；大城市不得超过 3 万平方米；人口规模在 200 万以上的特大城市不得超过 5 万平方米；同时规定广场在数量与布局上也要符合城市总体规划与人均绿地规范等要求。建设城市游憩集会广场，要根据城市环境、景观的需要，保证有一定的绿地。

### （二）广场的尺度与视角关系

实际上广场的尺度与广场规模大小是直接相关的。因为尺度是以人的自身尺寸关系与物尺寸之间所形成的特殊数比关系，所谓特殊是指尺度必须是以人的自身尺寸为基础。比如，一个按键的尺寸大小与人的手指大小尺寸就会形成一定的尺度关系；当一个人站在天安门广场上，那他与广场就会形成一定的尺度关系；而当这个人分别站在天安门广场和北京站前广场上，他与这两个广场的尺度关系就会有较大差别，这主要是因为两个广场的规模不同。可见，要想适当处理好广场的空间尺寸，合理确定广场规模也是很重要的。因此要想与人体尺度取得良好的数比关系，广场空间确实不宜过大。

但是，对于广场空间环境设计而言，更关键的还是广场的尺度问题，因为广场是为人建造的，对于人的情感、行为等都有巨大的影响。所以，广场尺度的处理应适当考虑与人的尺度关系，因为尺度是以人的自身尺寸作为基础的。根据人在广场上的行为心理分析，如果两个人处于 1 ～ 2m 的距离，可以产生亲切的感觉；两人相距 12m 就能看清对方的面部表情；相距 25m 能辨别对方是谁；相距 150m 以内能辨认对方身体的姿态；相距 1200m，只能看得见对方。这就是说空间距离越短亲切感越强，距离越长就越疏远。根据这个分析，要以 20 ～ 25m 作为模数来设计城市外部空间，它反映了人的“面对面”的尺度范围，这是一个令人感到舒服亲切的尺度，这对于我们进行广场空间的领域性划分是很重要的。当然，这仅仅是从距离上来讲的。

人与广场周边建筑围合物的尺度关系是十分重要的，它主要由视觉因素来决定，而这又与广场宽度和建筑物高度之间的尺度有关。将 $H$ 用以代表围合物的高度，用 $D$ 代表广场的宽度，而当站在广场中点时，则有：

（1） $D/H=1$，即垂直视角为 45° 时，可看清实体的细部，人有一种既内聚、安定又不至于压抑的感觉。

（2） $D/H=2$，即垂直视角为 27° 时，可看清实体的整体，仍能产生一种内聚、向心的空间，不致产生离散感。

（3） $D/H=3$，即垂直视角为 18° 时，可看清实体的整体及背景，会产生空间离散、排斥感，围合感差。

（4） $D/H=4$，即垂直视角为 14° 时，空间不封闭，建筑立面起到远景边缘的作用，空旷、迷失、荒漠感强。

由此可见，比较好的广场空间高宽比应在 1 ∶ 3 之内，这是因为在日常生活中，人们总会要求一种内聚、安全、亲切的环境，所以历史上许多好的城市广场空间高与宽的比值均在 1 ～ 3。而当高与宽之比为 1 ∶ 4 或更大时，为了取得较好效果，需要在广场周围重要地点布置一幢较高的建筑，作为空间的支撑点，从而获得“伞效应”，以达到空间界定效果。若建筑设计得好，还能形成广场的标志性特色。或者像天安门广场一样，增加广场内容、层次，使广场原来十分空旷、开敞的空间，表现得舒展、明朗、富有层次。

广场空间又与广场自身的长宽比例有关。根据经验统计，设计成功的广场大致有下列比例关系：① $1<D/H<2$；② $L/D<3$ （$L$ 为广场长度）；③广场面积＜建筑物界面面积 ×3。

以上比例关系并不是一种规范，而是属于经验总结，所以应用时可按实际情况进行调整。

一般作为人们逗留休息聚会、相互交往等活动的游憩场所，广场的尺度是由共享功能、视觉功能和心理因素综合考虑的，一般长和宽以控制在 20 ～ 30m 较为适合。

为了防止产生条状广场，一般矩形广场长宽比不得大于 3 ∶ 1，有些城市还专门作了进一步规定，要求至少 70% 以上广场总面积应坐落在一个主要的地盘内，并不得少于 70 平方米，以避免使广场面积零碎。另外，街坊内部的广场，宽度至少要有 12 米，以便使阳光能照射在地坪上，令人们感到舒适。而这些经验都值得我们在广场设计中作为参考。

## 三、广场与周围建筑物的关系

几何轮廓较为清晰和明确的城市空间需要高质量的周边建筑相配合，大多数古典广场都由精美的建筑所环绕。当建筑物围绕广场布置时，对广场空间就会形成围合。广场围合常见的要素，除了建筑外，还有树木、柱廊、有高差的特定地形等。一般情况下，广场围合程度越高，封闭感越强，但围合并不等于封闭。应该引起注意的是，广场一般需要封闭，但从现代生活需求来看，广场周围的建筑布置倘若过于封闭隔绝，就会降低其使用效率，同时在视觉上的效果也不佳。因此，在现代城市广场设计中，考虑到市民使用和视觉观赏，以及广场本身的二次空间组织变化，必然还是需要一定的开放性。这样一来，在广场规划设计时，掌握这个“度”就显得非常重要。广场周围建筑物的布置既要有一定围合感，又要有一定的开敞性。

通常在建筑物的围合下，广场空间可以有以下几种情形。

### （一）四角敞开的广场空间

这种广场空间，当空间开口位置不同时，会形成不同的封闭感。如道路从四角引入，把广场建筑与广场地面分开，致使建筑物之间在广场角部开口的豁口太大，破坏了建筑物之间的联系和广场空间的完整性，封闭性较差。

可对方案进行改进，缩小广场角部开口的豁口。使角部开口能明显减小，而且无论从哪个方向进入此空间都能看到建筑立面，解决了对景问题，由此获得了很强的空间效果，建筑与广场也取得了紧密的联系，形成了统一的空间构图。

### （二）三面封闭，一面开敞的广场空间

这实际上是一种形成三面围合的广场空间，封闭感较好，且具有一定方向性，有明显的向心感和居中感，也使人产生安心感。这类广场空间在现代城市中很常见，当人从开敞一侧的道路向广场看时，广场有很好的空间封闭感；当人进入广场后，又能看到外面的人流、车流，给广场增添了动感与活力。与道路相对或与敞开一侧对应的建筑往往就是广场的主体建筑，也是人们的视觉焦点，需要对其精心设计。

在主体建筑两侧的建筑，通常是采取平行围合的方式形成U形空间，这样可加强轴线的方向感；如果两侧围合构成“U”形空间，则会带来戏剧性的透视变化，使得这个空间具有独特的趣味。

如果能熟练运用透视原理进行设计，就会取得很好的效果。把广场一边或多边转折角度即可形成丰富的三维透视和良好的景观，对表现建筑的主体感和指明街道的方向感都有好处。运用透视进行视觉设计与校正变形在东西方广场空间设计中都有先例，如圣彼得大教堂前广场和罗马卡多比广场的“倒梯形”、沈阳故宫大政殿广场的“正梯形”，都是基于视觉变形和校正而有意设计的。它们抛弃了广场两侧建筑平行的传统透视方法，把矩形变成正U、反U形空间（梯形），带来了戏剧性的透视变化，使得这一空间有着独特的趣味。

从视觉角度看，位于正梯形广场宽边的人会对窄边界面产生延伸感，面对倒梯形广场中部的建筑则有向前推的感觉。从透视规律上讲，人们由短边向长边看会感到空间辽阔；从长边往短边看会感到空间深远。

从理论上讲，透视法是可以提供一种增加纵深感的方法，人们通过使用这种人为的近大远小的绘图方法逼真地表现体积。当广场为四边平行的矩形时，周边建筑往往只作为一个平面而存在，很难表达它的立体感。这时，为了突出主体建筑的立体感可以让主体建筑的一部分突出这一平面。

广场上主体建筑若与周围环境采用完整对称形式，仅能表现出平面性。但要想让其与环境互为补充，相辅相成，同时突出其体量，获得更为丰富的景观效果，这时处理好建筑的檐角（交叉口）成为确定城市外部空间的关键。将建筑物的檐角部分突出围合界面，建筑体量被突出，广场与街道的转折关系更加明确，形成了具有良好三维透视效果的城市空间。

### （三）一面封闭、三面开敞的广场空间

这类广场封闭性很差，但使用方便。对面向建筑的一方，行动和视线仍有很大限制，因此往往同时有通或不通的两种相反现象。当这种广场规模较大时，可考虑组织二次空间，如局部下沉，以改善空间效果。

以上的几种广场空间中，四面和三面围合是最传统的空间形式，也是最常见的广场布局形式。

### （四）广场周围建筑物的安排

对于广场周围建筑物的安排，我们通常从广场的性质和建筑物性质方面考虑：

广场周围建筑物的性质，常常影响到广场的性质和气氛；反之，广场的性质气氛要求也就决定了其周围应安排的建筑物性质。如在交通广场周围，不应布置大型商场或公建；在商业、休闲娱乐广场周围不宜布置行政办公楼建筑等。

对于一般的市民广场，通常做以下考虑。

(1)广场上的主体建筑物应有很强的社会性和民众性，如博物馆、展览馆、图书馆、文化馆等，也可在广场中增加一些大众化和普通性的文化内容。一般供周期性使用的建筑、纪念性和私密性很强的建筑，不应该放置于市民广场上。

(2) 广场上应多布置服务性和娱乐性的建筑，如商店、咖啡厅、餐厅、影剧院、娱乐室等，以使广场具有多功能性质，保持生气勃勃的热闹景象。

如果在市中心集会广场上只布置了行政机关，夜晚来临时广场就会变得十分冷清，这种情况在一些大城市都有发生。因此，在主要广场周围应该引进一些其他功能的建筑物，如冷饮室、餐厅等，以便夜间也保持主要广场的活力与生气。

最受群众喜爱、利用率最高的是休息广场和购物广场，很多这样的广场都是在传统的市场基础上产生的，所以设计这类广场要尽可能注意保持周围建筑物的原貌，形成历史的延续感，并组织好停车场，添加一些绿化、休息设施。由于购物广场的热闹气氛，它们就成为旅游规划的主要组成部分。

(3) 要防止过多地将重要的建筑物都集中在一个广场上。否则，至少会出现三方面的问题：从建筑设计上来看，将为众多建筑形式的协调带来困难；从规划上看，会带来交通复杂的问题；同时，在城市中心区的其他部分会因缺乏纪念性大型建筑物而失去吸引力。

(4) 在广场上应适当结合小品建筑等布置小卖部或布置活动摊点、报亭等，以增加人情味。

### （五）广场空间与周围建筑形态的关系

广场空间与周围建筑形态的关系有以下几个方面。

(1) 当高层建筑和底层建筑共同围合成广场空间时，为了加强建筑之间的联系，形成良好的空间效果，可以利用高层建筑的裙房或底层的敞廊与邻近建筑建立联系。

(2) 当广场空间围合感很强，但空间显小时，可将主体建筑后退至围合界面之后，以突出空间体量，但不能形成一定的纵深感。这时必须注意主体建筑应比较高大，即建筑与空间体量要相适应，在高而窄的建筑立面前应配以宽阔的空间。

(3) 当广场空间形式比较单调空旷时，可将主体建筑向广场空间内部拓展；或将主体建筑摆在广场中心；这时要注意它的体型必须从四个方向观看都是完整的；或将广场一角的建筑向广场内凸出，形成转角，在转角处布置主体建筑，使其立面凸出在广场之中，然后在凸出的转角处形成空间轴心。这样可以打破单一的广场空间形式，使广场空间的变化丰富多样。

## 四、广场与道路的关系

通过对广场与周围建筑物的关系以及广场的空间布局形式的讨论，可以清楚地看到，广场和建筑的关系离不开道路，二者是一个整体，人们须从不同道路来到广场。所以，广场、道路、建筑三者的组合关系非常紧密，而广场与道路的组合关系一般有三种方式：即道路引向广场、道路穿越广场以及广场位于道路一侧等关系形式。

在广场空间设计中，如何既能有效地利用道路交通，又能避免交通对广场的干扰，这是处理好广场与道路关系的一个关键问题，也是我们要解决的主要问题之一。日本横滨开港广场为我们提供了很好的经验：它曾经原是十字形交叉的道路，若按常规设计，道路要么包围广场要么切割广场。然而，开港广场却将道路交叉口扭转了一个方向，广场和交叉口各占一隅，各自构成独立领域，巧妙地避开了交通对活动广场的干扰。这反映出在广场与道路的关系的处理上很有创意，但是却对交叉口的交通组织带来了一定困难。另外，绍兴市鲁迅文化广场也与道路有较好的关系。

## 五、广场的空间组织

从艺术的角度进行广场空间组织时应重视以下几点。

（1）广场周围的主要建筑物和主要出入口，是空间设计的重点和吸引点，需重点处理。在进行广场设计时，最容易忽视的一点即是广场的出入口。如交通广场的设计要点是组织好交通流线，其出入口往往是关键地点；而供休息、娱乐、购物、文化和集会的生活广场，不但有使用上和交通上的功能，而且也是广场在城市造型中起作用的主要部位，其中以入口最为重要。若入口处理得当，可以为城市增添许多光彩。

在国外，不少的大小广场入口的处理就很有特点，或设置柱廊以丰富空间；或从一个小的狭长空间转向一片大的开阔空间，以加深印象；或利用一组雕塑作为前景；或以富有特色的建筑物和构筑物来吸引人的注意力等。这种处理手法，比之简单地以大街与广场直对，形成轴线这样一类千篇一律的手法，效果要好得多。

（2）应突出广场的视觉中心，特别是一个大的广场空间，假如没有一个视觉焦点或心理中心，会使人感觉虚弱空泛。当然我们可以用主体建筑来吸引人们的目光，构成广场中心。但在大量的广场实例中，上述的这些要素，只要设计得当，往往会替代主体建筑成为组织空间的视觉中心。所以一般在公共广场中，常常利用雕塑、水池或喷泉、大树、钟塔、纪念碑、露天表演台等的布置形成视觉中心，并形成轴线焦点，使整个广场有差强而稳定的情感脉络，使人流聚向中心，产生无法抗拒的吸引力。这种视觉中心常有以下设置：

①长方形广场，可以在端部主要建筑物前设置；也可以在广场中心设置。这种布置也适用于其他规则的几何形体的广场。如江苏洞庭湖东山镇石桥广场用一棵大树构成中心。

② L 形或不规则形广场，可设在拐角处，或场地的形式中心处形成焦点。如威尼斯圣马可广场上的钟楼；意大利坎波广场上的喷泉；哈尔滨防汛纪念广场上的纪念碑；佛罗伦萨希格诺利亚广场上的标志物。

③利用地形高差，在各种地形的变换点附近设置，可丰富空间层次，形成焦点。如朝鲜平壤市的一处纪念广场，在地形起伏变换点附近且地势较高处设置了领袖及旗帜雕塑，

自然成为吸引人们目光的焦点。

④利用地形制高点，形成焦点。如旧金山的吉拉德利广场，平面图基地规整，但从剖面图可知，地形为一坡地。围合广场的建筑由低到高顺坡而建，在最高处设置一体态优美的钟塔，既为焦点，也是街道景观的节点。

# 第七章　生态环境发展下的城市建设

## 第一节　生态城市建设的理论基础

在城市规划建设过程中，生态环境问题已经受到越来越多人的关注。调查研究显示，现阶段大多数城市已经开始进行生态城市规划建设，以求缓解资源压力，改善恶劣的城市自然环境。

### 一、生态城市建设的生态学基础

#### （一）生态系统

生态系统，是在一定时间和空间内，生物与其生存环境之间以及生物与生物之间相互作用，彼此通过物质循环、能量流动和信息交换，形成一个不可分割的整体。生态系统包括生物和非生物的环境，或者生命系统和环境系统。生态系统揭示了生物与其生存环境之间、生物体之间以及各环境因素之间错综复杂的关系，包含着丰富的科学思想，是整个生态学理论发展的基础。生态系统具有整体性、系统性、动态性等特征。从系统论观点来看自然过程有序、合理而且可以预测；每一个生态系统皆有其特定的能量物质流动模式，并对应于其系统的结构。生态系统作为一个开放的系统，其变迁将走向一种动态的平衡而归于稳定，即“成熟的阶段”。这个阶段的特性包含了低度的净产值、高度的多样性与稳定性以及极佳的养分储存循环。

生物是生态系统的主体，是生态系统中的能动因素。但是，在生态系统中，生物不是以个体方式存在，而是以“种群”的形式出现，作为一个有机整体与环境发生关系。生态系统中，生物与生物之间存在两个层次的关系：种群内部生物个体之间的关系和种群与种群之间的关系。种群内部生物个体之间的关系一般有两种：协作和竞争。但协作是一时的和初始的，而竞争是永恒的和普遍的。特别是当种群密度较高，出现“拥挤效应”时，竞争会更加激烈。竞争的结果是“优胜劣汰，适者生存”。种群间的关系则十分复杂，但也可以归结为正相互作用和负相互作用两大类。在一定区域内的各种生物通过种内及种间这种复杂的关系，形成一个有机统一的结构单元——生物群落。生态系统就是生物群落与无机环境相互作用而形成的统一整体。

环境是生态系统存在和发展的基础。环境中对生物的生命活动起直接作用的那些要素一般称为生态因子，包括非生物因子（如温度、光照、大气、pH值、湿度、土壤等）和生物因子（即其他动植物和微生物）。生物主体与环境生态因子之间的关系有以下几个特征：

第一，生态因子的综合作用。即每一种生物都不可能只受一种生态因子的影响，而是受多种生态因子的影响。各种生态因子之间也是相互联系、相互影响的，共同对主体发挥作用。这就要求我们在考虑生态因子时，不能孤立地强调一种因子而忽略其他因子，不但要考虑每一种生态因子的作用，而且要考虑生态因子的综合作用。

第二，生物与环境的关系是相互的、辩证的，环境影响生物的活动，生物的活动也反作用于环境。

第三，生态因子一般都具有所谓的“三基点”，即最适点、最高点和最低点。每一种生态因子对特定的主体而言都有一个最适宜的强度范围，即最适点，生态因子的强度增加和降低对特定的生物都有一个限度，有一个最高限度和最低限度（即生物能够忍受的上限和下限）。最高限度和最低限度之间的宽度称为生态幅，它表示某种生物对环境的适应能力。

第四，限制因子，即环境中限制生物的生长、发育或生存的生态因子。

与生态系统紧密相关的一个极重要的概念是“生态平衡”，生态平衡是相对的、动态的平衡，其运行机制属负反馈调节机制，即当生态系统受到外来影响或内部变故而偏离正常状态时，系统会同时产生一种抵制外来影响和内部变故、抑制系统偏离正常状态的力量。但是，生态系统的自动调节能力是有限的，当外来影响或内部变故超过某个限度，生态系统的平衡就可能遭到破坏，这样一个限值称为“生态平衡阈值”。破坏生态平衡的因素有自然因素和人为因素。自然因素主要是各种自然灾害，如火山喷发、海陆变迁、雷击火灾、海啸地震、洪水和泥石流以及地壳变动等，自然因素具有突发性和毁灭性的特点，这种因素出现频率不高。人为因素则比较复杂，是目前破坏生态平衡最常见、最主要的因素。人为因素破坏生态平衡一般有三个途径：一是使环境因素发生改变，包括自然环境和人工环境的改变；二是系统主体即生命系统本身的改变，包括其结构的失调和功能的失序；三是生态系统与外界能量、物质、信息联系的破坏。总之，生态系统的失调或称生态平衡的破坏，是生态系统的再生机制瘫痪的结果，要维持一个生态系统的平衡也必须维护其机制，使系统内资源和能源的消耗小于其资源和能源的再生。

### （二）城市生态系统

城市生态系统不同于一般的生态系统。城市生态系统是由自然生态系统、文化生态系统、社会生态系统、经济生态系统共同构成的典型的社会—经济—自然复合生态系统。其人工组分比例和物质能量流通的通量所占比重相当大。在这个复合生态系统中，自然生态系统是城市发展的基础，经济生态系统是城市发展的动力，社会生态系统是城市发展的目的。后来，王如松又指出，城市是一个以人类行为为主导、自然生态系统为依托、生态过程所驱动的社会—经济—自然复合生态系统，其自然生态系统由中国传统的五行元素水、火（能量）、土（营养物和土地）、木（生命有机体）、金（矿产）所构成；经济子系统包括生产、消费、还原、流通和调控五部分；社会子系统包括技术、体制和文化；并且给出了城市复合生态系统示意图。以上定义的城市生态系统观是一种大生态系统观、广义生态系统观。

城市生态系统结构复杂，功能多样，不同于其他生态系统，主要表现为以下四个方面：

### 1. 城市生态系统是高度人工化的生态系统

城市生态系统也是生物与环境相互作用形成的统一体，这里的生物主要是人，这里的环境包括自然环境和人工环境的城市环境。在城市生态系统中，人是城市的主体，而不是各种动植物和微生物。城市生态系统具有消费者比生产者更多的特征，因此，城市形成了不同于自然生态系统“生态学金字塔”的“倒金字塔”型的生物量结构。

### 2. 城市生态系统是一个自然—社会—经济复合生态系统

城市生态系统从总体上看属于人文生态系统，是以人的社会经济活动为主要内容的，但它仍然是以自然生态系统为基础的，是自然、经济与社会复合人工生态系统。因此，城市生态系统的运行既遵守社会经济规律，也遵循自然演化规律。城市生态系统的内涵是极其丰富的，其各组成部分互相联系、互相制约，形成一个不可分割的有机整体。

### 3. 城市生态系统具有高度的开放性、依赖性

自然生态系统一般具有独立性，但城市生态系统则不同，每一个城市都在不断地与周边地区和其他城市进行着大量的物质、能量和信息交换，输入原材料、能源，输出产品和废弃物。因此城市生态系统的状况，不仅是自身原有基础的演化，而且深受周边地区和其他城市的影响。城市的自然环境与周边地区的自然环境本来就是一个无法分割的统一体。城市生态系统的开放性，既是其显著的特征之一，也是保证城市的社会经济活动持续进行的必不可少的条件。

### 4. 城市生态系统的脆弱性

城市生态系统具有不稳定性和不完整性，导致了其具有脆弱性。城市生态系统是高度人工化的生态系统，其不完整性导致了城市生态系统中能量与物质大部分要靠外部的输入，同时，城市生活所排放的大量废弃物，也超出了城市自身的净化能力，需要向外部输出或者需要依靠人为的技术手段处理，才能完成其还原过程。城市生态系统受到人类活动的强烈影响，自然调节能力弱，主要靠人工活动调节，而人类活动具有太多的不确定因素，不仅使得人类自身的社会经济活动难以控制，还因此导致自然生态的非正常变化；而且影响城市生态系统的因素众多，各因素之间具有很强的联动性，系统中任何一个环节发

生故障，将会立即影响城市的正常功能，所以，城市生态系统不能完全实现自我稳定。

城市生态系统功能多样。可把城市生态系统的功能概括为生产、消费和还原。生产功能是城市生态系统的基本功能，包括生物性生产和社会性生产两部分。城市生态系统中的所有生物均能进行生物性生产，绿色植物利用光合作用进行初级生产，营养级高的生物通过摄取低级营养物质进行次级生产，人的生物性生产具有明显的社会性。社会性生产只有人类才能进行，包括物质生产和精神生产，物质性生产以创造社会财富、满足人类的物质消费需求为目的；精神生产以创造社会精神财富，完善和丰富人的精神世界为目的，它是在物质生产实践的基础上，通过人对客观世界的感知进行的。随着社会生产的发展，人类的消费需求也会发生相应的改变，从最基本的物质需求、能量需求到空间需求和信息需求，城市生态系统就是要满足人们不断变化的消费需求。自然净化功能、人工调节功能是城市生态系统内各组成要素发挥自身机理协调生命—环境关系，增强生态系统稳定性与良性循环能力的功能。

城市生态系统的复杂性以及多因子复合性决定了城市是一个无穷维的生态关系空间，其物流、能流、信息流、人口流等各种生态流有着较大的空间和时间跨度，在地理分布上也不一定是连续的，因而其空间边界是模糊的，抽象的。但是，系统的性质又往往由其中的少量主导因子所决定，由一些主要关系所代表，在实际研究中又有一定程度上的具体时空界限和事理范围，因此城市生态系统的系统边界既是具体的又是抽象的，既是明确的又是模糊的，这又增加了城市生态系统研究的复杂性。

### （三）城市生态系统的耗散结构

一个远离平衡态的非线性的开放系统（物理的、化学的、生物的乃至经济的、社会的系统），通过不断与外界交换物质和能量，在外界条件的变化达到一定的阈值时，可能从原有的混沌无序的混乱状态，转变为一种在时间上、空间上或功能上的有序状态，这种在远离平衡情况下所形成的新的有序结构，称为“耗散结构”。它具有远离平衡态、非线性、开放系统、涨落、突变等特征。

为了更好地理解“耗散结构”理论，必须引入一个热力学概念——熵（通常用 S 表示），它是指一个系统中不能再转化用来做功的那部分能量的总和。通俗地讲，熵就是“无用”的能量，它代表能量在一个系统中分布的均匀程度及系统无序状态的度量。系统放出能量，则熵值增加，系统从有序到无序，熵值最大时就是系统处于死亡状态；系统从外界获取能量，则熵值减少，或称为“负熵”增加，系统从无序到有序。对于开放系统来说，熵的变化由两部分组成，一部分是系统内部本身由于不可逆过程引起的熵变；另一部分是系统与外界交换物质和能量引起的。可用下式表示：

$$\mathrm{d}S=\mathrm{d}_eS+\mathrm{d}_iS$$

式中，$\mathrm{d}_eS$ 为总熵变，$\mathrm{d}_eS$ 代表在系统边界上（与外界之间）熵的传输，$\mathrm{d}_iS$ 为系统内部不可逆过程产生的熵增加值。其中 $\mathrm{d}_iS$ 永远是一个正值（或零），即 $\mathrm{d}_iS \geqslant 0$，而且只有在可逆过程中才会出现 $d_iS=0$ 的情况，因此一个孤立的系统（不与外界产生交换）其熵值是增加的。要维持系统的稳定有序状态，就要使熵值不增加，即 $dS\leqslant 0$，或 $d_eS+d_iS\leqslant 0$，也就是 $d_iS\leqslant -d_iS$，即系统输入的负熵流要大于或等于系统产生的熵流。因此，耗散结构的存在是以负熵流的源源不断地输入（并大于或等于系统内部熵增）为条件的，也就是说耗散结构必须是开放系统，要不断地与系统外界进行能流、物流与信息流的交换。当系统的熵减少时，系统从原来的状态向更加有序的状态演变。

城市生态系统要维持其正常的运转，需要不断地从外界输入食物、燃料、建筑材料等物质和能量，同时它又输出制成的产品和废料。可见，城市生态系统是一种典型的耗散结构，它的维持需要从系统外不断地输入负熵流或者排出熵，以维持城市生态系统的稳定。城市生态系统的熵值不能增加，熵变必须小于零，负熵值要大于熵值，这是实现城市生态系统良性运转和发展的前提条件。但是，对每一个具体的城市生态系统而言，能够输入的负熵流是有限的，因此它也就给熵增规定了一个最高限度，一旦输入的负熵流小于系统内部熵增加值，城市就会出现无序和混乱。也就是说，一个城市必须把自身的能量、物质消耗控制在一定的范围之内，把人口规模和生产规模控制在一定的范围之内。

### （四）生态城市中的城市生态系统的运行机制

生态城市是具有城市生态系统的城市。城市生态系统是由自然再生产过程、经济再生产过程、人类自身再生产过程组成的一个复杂的系统，受各城市地理、空间、位置的限制，其规模、资源和环境特征各异，很难用一个标准来衡量。但有一个共同的原则，就是必须保持系统的健康和协调，具有高效率的物流、能流、人口流、信息流和价值流，具有可持续的生产和消费的能力，具备高度生态文明的生活空间，具有良好的城市生态结构。

生态城市这个社会—经济—自然复合生态系统是以一定的空间地域为基础的，它隶属于更大范围的系统，并不断与之进行信息、物质、能量等多种流的交换，是一个开放系统；各个子系统之间不是简单的因果链关系，而是互相制约、互相推动、错综复杂的非线性关系，而且系统远离热力学的平衡态，因而生态城市是耗散结构。对生态城市来说，实现系统从无序向有序转化的关键不在于热力学平衡不平衡，也不在于离平衡态多远，重要的是保持稳定有序的状态，即使在非平衡状态下。也就是说生态城市的平衡（人与自然的和谐）并不是静态的平衡、绝对的平衡，而是动态的平衡、相对的平衡，即生态城市的运行总是由非平衡—平衡—非平衡—新的平衡的过程，而且“作用力”与“反作用力”保持在可承受的时空范围（生态稳定阈值或门槛）内波动，这种过程从局部、短期看是动荡的、不平衡的，但从整体、长期看，是一种“发展过程的稳定性”，亦即运行的稳定性，这是生态城市运行的本质特征，过程的稳定比暂时的平衡更有生命力。生态城市运行的稳定性是以其各子系统发生“协同作用”为基础的，表现为各系统结构合理，比例恰当且相互间发展协调。由于各子系统协调有序地运转，旧的平衡被打破，通过正、负反馈的交互作用，新的平衡随即形成，使生态城市总是在非平衡中去求得平衡，形成自组织的动态平衡，从而保持持续稳定状态，推动其螺旋式良性协调发展。

可见生态城市追求的“人与自然的和谐”并不是绝对的和谐，而是相对的“有冲突”的和谐，它既包含合作，也包含斗争。生态城市运行所遵循的是对立而和谐的法则。这才是生态城市和谐的本质。

生态城市总是处于不断的运行之中，而且随着社会的进步也不断发展，但能保持稳定有序状态、持续协调发展，这种良性运行、“进化”需要以下运行机制。

1. 循环机制

生态城市运行是靠连续的生态流来维持的，生态流的持续稳定即生态流输入输出的动态平衡（包含质和量两个方面）是良性运行的根本保证。尽管生态城市以人的智力作为主要资源，但这并不是说知识经济不消耗自然资源，其基本的物质生产是必需的，而自然系统中的资源、物质是有限的，循环机制强化了生态城市的物质能量，尤其是自然资源的循环利用、回收再生、多重利用，充分提高利用效率，而且各种生态流中的“食物链”又连成没有“因”和“果”，没有“始”和“终”的网环状，保证生态流不会产生耗竭或阻塞或滞留而持续运转。知识生产和信息传递（反馈）同样需要循环机制。

2. 共生机制

共生是不同种的有机体合作共存、互惠互利的现象。在生态城市中，通过共生机制，各系统组分相互作用和协作，形成多样的功能、结构和生态关系，共生作用强。共生导致有序，多样性导致稳定，各系统组分协同进化，相得益彰。

3. 适应机制

生态城市各系统组分间存在作用与反作用的过程，某一组分给另一组分的影响，反过来另一组分也会影响它。它们相生相克，既有合作、促进，又有斗争、抑制。在生态城市运行中，各系统各组分通过适应机制，进行自我调节，化害为利，变对抗为利用，从而形成一种合力，推动生态城市协调稳定发展。这种适应不是被动的适应，而是发展、进化式的创造过程，着眼于在更高层次上整体功能的完整。

4. 补偿机制

生态城市各系统组分间既有互利又有冲突，当相互间的对抗性超出了适应机制所能调整的范围限度，就需要引入补偿机制进行调节。某一系统组分运转受到抑制或暂时失衡，通过其他系统组分的部分利益作为“代价”进行适时、适地的补偿，以恢复整体正常运转，否则这种失衡将扩大，最终导致整体失调甚至崩溃。补偿机制是化解生态城市运行过程中冲突矛盾，获得社会、经济与自然生态平衡的重要且必要的手段。

## 二、可持续发展理论与城市生态承载理论

### （一）持续发展理论

#### 1. 可持续发展的深层内涵

可持续发展既不单纯指经济和社会的持续发展，也不单纯是指自然生态的持续发展。而是人与自然的共生与共进，是人类社会和经济发展与自然生态的动态平衡和稳定。因此，可持续发展，是对人与自然的协调与和谐的内在本质的反映，是系统的，又是有机统一的，也是辩证发展的反映。它不仅揭示了自然生态的内在规律，也揭示了人类社会的内在规律。可持续发展没有绝对的标准，因为人类社会的发展是没有止境的。因此，它的总体要求是：第一，调控的机制能促进经济发展；第二，发展不能超越资源与环境的承载力；第三，发展的目的是提高人的生活质量，创造一个多样化的、稳定的、充满生机的、可持续发展的自然生态环境。

#### 2. 实现可持续发展的策略

可持续发展的思想正在改变人们的价值观和分析方法，其思想是建立人类与自然的命运共同体，实现人与自然的共同协调发展。这要求把长远问题和近期问题结合起来考虑。资源是持续发展的一个中心问题，可持续发展思想正在影响着资源类型选择、利用方式选择、利用时间安排和利用分析方法等方面。

为此，以自然资源的可持续利用为前提的可持续发展模式已经提出：对于可再生资源，要求人类在进行资源开发时，必须在后续时段中，使得资源的数量和质量至少达到目前的水平；对不可再生资源，要求人类在逐渐耗竭现有资源之前，必须找到替代新资源。这样就要求软资源、自然资源结合起来。即根据可持续发展原则，制定出相应的资源利用技术、方法及管理原则。

（1）清洁生产与可持续发展

清洁生产是联合国环境规划署工业与环境规划活动中心提出来的，是对环境保护实践的科学总结。清洁生产是指将综合预防的环境策略，持续地应用于生产过程和产品中，以便减少对人类和环境的风险。

首先，对生产过程而言，清洁生产包括节约原材料和能源、淘汰有毒原材料，并在全部排放物和废物离开生产过程以前减少它们的数量和毒性；其次，对产品而言，清洁生产策略旨在减少产品在整个生命周期过程中对人类和环境的影响。其实，清洁生产是“生态化”“整体化”的新时期科技发展方向，将各门类科技综合使之整体上成为完善结构，扩大“绿色资源”利用范围，即利用先进技术和改善资源利用方式结合起来。

清洁生产是绿色科技的一种技术，是符合生态规律的技术。它促进人类长久生存与发展生产体系和生活方式，以及相应的科学技术；它强调自然资源的合理开发、综合利用和

保护增殖；强调发展清洁的生产技术和无污染的绿色产品。清洁生产不但技术上可行，而且具有经济可盈利性，体现经济效益、环境效益和社会效益的统一。所以清洁生产是实施可持续发展战略的标志，已经成为世界各国经济社会可持续发展的必然选择。

（2）生态技术

目前，各种自然灾害频繁，削弱了自然生态环境的承载能力，生态变化态势令人担忧。而生态技术可以改善这一现状，它是社会、经济能稳定、持续和快速发展的技术支撑，通过生态技术的开发和示范工程的建设，探索出一条适合中国国情的可持续发展道路。

建立自然保护区是生态技术常用的一个典型示范。可持续发展理论规定了社会经济发展必须在生态环境的承载力允许范围内，满足当代和后代人发展的需要。这也说明了“生态优先”是可持续发展的体现，符合可持续发展的内在本质要求。同时，自然保护区正是以“生态优先”为理论基础的。

生物圈保护，这种开放系统的管理是人与自然之间和谐关系的模式，是实现可持续发展的示范模式。

城市与郊区复合生态系统是生态城市建设研究的对象。在城市生态系统中，生物量呈倒金字塔型，消费者的比例大于生产者，而人是其中心。同时它也不是自律系统，必须不断地从外界输入物质和能量才能维持其稳定性。由于地理位置的原因，城市与郊区之间进行着频繁的物流、能流和信息流。所以实现城市可持续发展，必须把郊区和城区统一起来考虑。

（3）利用政府职能，促进可持续发展

可持续发展是各个方面共同努力的结果，它不仅是一种政府行为，还是一项决策者所担负的社会责任。在政府的宏观调控下，各个微观部分共同合作，实现可持续发展才有可能。利用政府职能包括很多方面：运用法律法规、政策等强制性手段，运用奖励、惩罚、税收等经济手段。

环境资源商品化，就是确立环境资源的有偿使用。目前社会各界认识到无偿和有偿使用环境资源对于资源的可持续利用和生态环境的恶化具有重要的不同的影响。于是确立了环境资源商品化和有偿使用的设想，这就明确了环境资源国家所有。确立有偿使用实质上是引入市场机制，对环境实行商品化经营，通过排污费、环境税等调节手段，提高资源的利用效益和利用率。

实现可持续发展，最终还要依靠强有力的法律做保障。总之，实现可持续发展要多方共同努力、多种手段并用。

## （二）城市生态承载理论

### 1. 承载机制概念

从承载力的发展可知，承载力在自然生态系统中是客观存在的，但对于城市这样独特的人工化生态系统是如何呢？在城市生态系统中，城市复杂的社会经济活动是系统的核心，在系统发展过程中，城市社会经济活动需要向城市生态环境索取必要的生存空间、载体以及物质供应。因此，城市社会经济活动表现为主动性，城市生态环境表现为被动性，两者界面之间则表现为压与支撑的关系，这种关系可称之为“承载机制”。

### 2. 城市承载机制微观作用模型——承载递阶模型

城市生态系统具有四大基本功能，即物质循环、能量流动、信息传递与价值转换，它们是逐层分级进行的：系统原始物质资料（包括外部输入）首先进入工厂加工，转化为产品，这些产品价值经过人们利用后流入人类社会活动中。同时，此过程的各个环节要不断地产生废弃物质，它们要经过废物处理设施后，最终排入系统环境。按照城市生态系统各要素执行这些功能的先后顺序，我们可绘出城市生态系统承载机制的微观作用模型——承载递阶模型。从中可以看出，城市生态系统承载机制最基本的承载媒体是由水、气、土地等组成的非生物环境，人类及其各种社会经济活动是最终的承载对象，两者之间并非直接相互发生作用的，要经过一些中间环节，这些中间环节既是承载媒体，同时又是承载对象。

### 3. 城市承载机制宏观表现模型——水桶模型

由承载递阶模型可知，社会经济活动是承载对象，生态环境是最基本承载载体，这里的生态环境是广义的，按承载作用类型可分为如下两类：其一为资源支持系统，包括矿产资源、水资源、土地资源、森林资源等，它们为维持社会经济活动的正常运转提供最直接的支撑；其二为环境约束系统，包括城市空气、水、生物等，它们用于消化社会经济活动中产生的大量废弃物，表现为约束作用。除此之外，还有一类“软环境”，包括城市科技资源、基础设施、生产效率、系统开放性及物质生产的循环程度等，它们尽管表观上更像城市社会经济活动的一部分，但却对城市社会经济活动的发展分别起到支撑与约束作用。为形象体现城市生态系统中资源支持与环境约束系统的承载机制，我们尝试提出了系统承载机制宏观表现模型——水桶模型，由于资源支持系统对城市社会经济活动有直接的支撑作用，可将其看作为水桶的桶底，而环境约束系统对城市社会经济活动具有约束作用，将其看作为桶壁，而城市的社会经济活动则可视为桶中的水。城市生态系统要想持续、稳定地发展，必须有持续、稳定的资源支持，还必须有足够的环境容量来消化社会经济活动中所排放的污染物质。由此可以看出，城市生态系统的承载机制所反映的是城市社会经济与城市生态环境相互作用的界面特征，是研究资源支持系统、环境约束系统与社会经济活动三者协调性以及城市生态环境对社会经济活动供容能力的一个判据。

## 第二节　生态城市建设的动力机制与关键技术

“机制”一词来源于希腊文，其英文单词是“mechanism”，指的是机器的构造和运作原理[①]，即机器内部各组成部分之间相互联系，以及实现机器运转功能的原理及方法。后来，逐渐应用到其他领域，借指事物内在的工作方式，包括有关组成部分的相互关系，及各种变化的相互联系。

这里指的机制是体制的作用激励、作用过程及功能。所谓体制，是不同于机智的一个概念，体制是国家机关、企事业单位在机构设置、领导隶属关系和管理权限划分等方面的体系、制度、方法、形式等的总称。[②]也可以理解成一定的社会群体，为了有效地实现一定的任务与目标，人为地建立起来的一套进行领导、管理、保证、监督活动的组织建制和工作制度体系，是一种人工社会工程系统，是随着时间、环境、人员的变动而变化。

城市化的动力机制，指的是推动城市化所必需的动力产生机理，以及维持和改善这种作用机理的各种经济关系、组织制度等所构成的综合系统的总和。

### 一、传统城市建设的动力因素

所谓传统城市建设的动力机制，就是指政府和居民等城市建设主体推进农村向城市转型和城市建设的动力源及其作用机理、过程和功能。动力源主要包括两个方面：一是内在动力，即城市建设的推力系统；二是外在动力，即城市建设的拉力系统。推力系统和拉力系统通过激励和约束共同作用，推动城市建设。

回顾中国城市化建设的发展历程，尽管影响城市建设的因素随着时代的变化经常发生一些变化，但总的概括来说，其动力机制中推力系统是由经济推动力、人口能动力构成；拉力系统主要是由政府行政力、科技支撑力、制度调控力共同组成。

#### （一）传统城市建设的经济推动力

“城市化—经济增长加速—就业机会增长—城市化水平提高，是城市化良性发展的必由之路，其中，经济增长速度是决定城市化进程的关键因素。”[③]概括地说，我们又可以把从经济角度对城市化动力机制的探讨分解为以下几个方面：

① 辞海编辑委员会.辞海[M].上海：上海辞书出版社，1989.
② 同上.
③ 郭剑雄，王学真.城市化与农业结构调整的相关性分析[J].财经问题研究，2002（3）：25-28.

1. 工业化的推动

许多国家的城市化历史表明，城市化是随着工业化的发展而快速发展，工业化是城市化的“发动机”。狭义的工业化强调的是要素的聚集，而资金、人力、资源和技术等生产要素在有限空间上的高度组合必然推动城市（镇）的形成和发展；广义的工业化指的是“发展”或“现代化”，它除了产业（尤其是工业）的空间聚集，还涉及产业结构的调整和演进、人民物质文化生活水平的提高等，这一切又都改变着城市的形态、速率和规模，进而影响城市化的发展过程。

2. 第三产业的发展

现代城市化的过程就是第二和第三产业聚集行为所进行的过程，而只有发生在第一、二产业之外的第三产业才明显创造新的就业机会，从而吸收外来劳动力，加快城市化人口的增长。在现代条件下，随着整个社会生产流通容量的加大，市场交换频率的加快必然促使企业对城市的生产性服务业提出新的要求。同时，城市居民由于收入的增加、生活水平的提高，对消费性服务业也提出了新的要求。此外，随着世界经济的国际化，跨国公司资本向发展中国家的输出，以及由制造业的国际扩散所带来的服务业的国际扩散，全球金融网络的出现等，都加速了城市第三产业的发展。第三产业的迅猛发展又赋予城市新的活力，使城市化进入更高层次。近年来，在中国特大城市和沿海发达地区的城市中，随着工业化后期特征的显现，第三产业开始成为城市化的后续动力。

## （二）传统城市建设政府的行政力

中国城市化的进程表明，政府行政手段是推动中国城市化的重要力量，对城市化进程有较大影响的行政手段主要有：

1. 户籍管理制度

户籍管理制度是国家有关机关依法收集、确认、登记有关公民年龄、身份、住址等公民人口基本信息的法律制度，是国家对人口实行有效管理的一种必要手段。

2. 行政区划调整

行政区是设有国家政权机关的各级地区。近几年来，中国行政区划调整变更事项主要包括大中城市的市辖区调整、撤地设市、政府驻地迁移、政区更名等内容，其中，市辖区调整和撤地设市事项占了 90% 以上。科学、合理地调整行政区划，不仅有利于扩大经济发展的空间，促进产业结构合理化，加快城市化进程，而且也有利干政府机构改革，提高政府管理效率。

3. 政府投资

从本质上讲，城市是便利人们从事生产、经营和生活的公共产品。城市基础设施和市政公用事业，具有极大的外部经济性，必须以政府投资为主。因此，政府投资对城市化进程有着重大的影响。

### （三）传统城市建设科技的推动力

科技对社会生产力发展有着重要的影响，而城市化离不开生产力水平的提高。因而，科技严重影响着一个国家和地区的城市化进程。如最初的产业革命和城市化发展就是由蒸汽机的发明而引发的；相应技术的出现、汽车工业的发展又导致了“城市郊区化”和“城市密集带”的出现；计算机的应用和普及则大大地强化了城市的服务功能，推动着整个城市化的过程。

随着科技的发展，其在经济生活、社会生活中的作用日益加大，深刻地促进产业集聚及产业结构的转换，影响城市化进程，可以说技术进步是城市化发展的原动力。先进的农业技术推动人口向城市转移；蒸汽机的发明，导致了产业革命的产生和城市化的飞速发展；而以汽车为代表的便捷的运输技术则对城市郊区化和城市密集带的出现，起着推波助澜的作用；发达的通信技术、计算机的应用则强化了城市的服务功能，加快了城市化的步伐。科技进步对城市经济增长的贡献已明显地超过资本和劳动力。这一切都说明科技进步对城市化具有深厚的影响力和推动力。中国改革开放以来沿海地区城市化步伐的加快，也正是通过开辟经济特区和经济技术开发区，积极引进外资和新技术而实现的，这都反映了技术因素对城市化过程深厚的影响力和推动力。

### （四）传统城市建设制度的调控力

新制度经济学认为，现实的人是在由现实的制度所赋予的制度约束中从事社会经济活动的，土地、劳动和资本等要素是在有了制度时才得以发挥功能的。制度因素是经济发展的关键，有效率的制度安排能够促进经济的增长和发展。城市化作为伴随社会经济增长和结构变迁而出现的社会现象与制度因素密切相关，这一过程描述了人类社会经济活动组织及其生存社区在制度安排上由传统的制度安排（村庄）向新型的制度安排（城市）的转变。制度因素直接或间接地影响着不同地区或同一地区不同时期劳动力、资本及其他各种经济要素在不同空间地域上的流动与重组。

## 二、生态城市建设的全新动力机制分析

生态城市是一个组成系统众多、结构复杂、运行复杂的系统组合，其追求的就是在一定约束条件下系统组成因子的整体最优，而并不是各个系统的最优。生态城市建设是当今世界各国共同的追求，目前，在世界范围内已经掀起了轰轰烈烈的建设实践，但还没有成功的范例，仍在不停地探索之中。生态城市的建设是城市发展的一次革命，在城市政治、经济、文化、社会、环境等领域都要创新，是一种系统的创新活动，也是21世纪最宏大的创新工程。

## （一）生态城市建设的含义

传统城市建设模式是建立在以工业文明时代的价值观念和技术进步的基础上，是人们针对工业文明发展带来的各种城市问题的被动的反应，是一种短期的、片面的发展模式；生态城市建设模式是建立在以人为本的理念上，在生态文明与生态价值观的指导下，对人们追求和主动实现活动，是一种长期的、可持续的发展模式。具体地讲，生态城市建设模式区别于传统城市建设模式主要体现在：

### 1. 建设理念上，由自生走向共生

传统城市建设是一种被动的发展，是一种自我的发展，当城市发展过程中出现问题时，才会被动地应对和解决这些问题，但解决方式又是片面的方式的解决，不是全面地促进经济、社会、环境、政治、文化等系统的协调发展；生态城市建设是对物质层面上的生态经济系统和生态政治系统、生态文化系统进行有机更新，又要建设合乎生态学理论的社会生态系统和自然生态系统，在城市中人与自然、人与人以及各个子系统之间建立一种互相平等、和谐共生的关系。使生态城市的各组成系统沿着共同进化的路径运行，实现共同激活、共同适应、共同发展的合作与协调关系，是一种共生发展模式。

### 2. 人与自然的关系上，由疯狂掠夺走向和谐均衡

传统城市建设中种种问题的出现，导致经济、社会、环境、政治、文化等系统的不协调发展，限制了城市的继续发展，主要是由于自然界内在和谐受到了严重损害，人类不尊重自然规律，疯狂掠夺自然资源，破坏自然环境造成的。生态城市建设是建立在生态与经济并重，人与自然、人与人协调发展的理论之上，不断地提高自然界的内在和谐和与人类的和谐。

### 3. 系统观上，由局部走向整体

传统的城市建设主要追求 GDP，强调经济的增长，忽视了城市社会、政治、文化、环境的发展，也导致了生态环境的破坏与资源的枯竭，是局部的发展，一种短期的发展；生态城市建设强调整体的发展，包括对区域内的社会、经济、环境、政治、文化等方面的综合全面的把握与平衡。在城市的整个建设发展过程中，社会的全面进步是发展的根本目标，经济增长与效益的提高是发展的途径和手段；政治民主、文化创新是发展的保证；自然环境是促进整体发展的基础。

### 4. 实现目标上，由单目标走向多目标

传统城市建设中往往是单一目标，而且呈现出阶段性和短期性，经济发展落后时，追求经济增长，环境质量变差时，改善环境质量，社会问题突出时，进行社会综合治理，从发展历程来看，追求经济的发展是其较长期的目标。我们知道不同的目标之间常常是相互冲突的，片面地追求经济增长目标或环境质量目标，必然要以牺牲其他利益为代价，追求

社会的和谐和环境的改善势必会影响经济的增长。生态城市建设要改变这种单一目标的格局，要实现政治民主、经济高效、社会和谐、环境优美和文化创新等整体的发展，是一种可持续发展。

### （二）生态城市建设的动力机制机理

生态城市建设是不同于传统城市建设的，它是一个更高层次的城市建设，追求政治、经济、社会、文化、环境五位一体的全面、均衡和可持续发展。系统论原理指出，任何系统的良好运行和发展演进，都必须获得足够的动力和科学的动力机制。因此，推进生态城市的顺利建设，必须找准并切实解决其动力和动力机制问题。

生态城市建设动力机制是指政府、组织和居民等建设主体建设生态城市的动力源及其作用机理、作用过程和功能。动力源是推进生态城市建设的推动力，包括内在动力源和外在动力源。其中，内在动力源包括追求生态城市的目标及探索生态城市建设道路两方面的内容。外在动力源包括环境承载力、资源压力等约束力；文明进化、可持续发展要求等驱动力；国家发展战略导向、政策支持、法制保障等政策力；生态技术创新支撑力及国内外生态城市建设成果的吸引力。

生态城市建设动力机制的作用机理就是在内外动力源的作用下，建设主体按照市场规律调节自己的行为，推动政治生态化、经济生态化、社会生态化、文化生态化和环境生态化，建设“五位一体”的稳定、均衡、可持续发展的生态城市。

## 三、生态城市建设的主要相关技术

在全球应对气候变化的大背景下，发展低碳经济已成为世界经济社会变革的潮流，更是中国在可持续发展框架下应对全球气候变化的必由之路。发展低碳经济的核心是大幅度提高碳生产率（国内生产总值与碳排放量的比值），而转变经济发展方式、提高能效、发展低碳能源技术是提高碳生产率的主要途径。

### （一）生态城市建设的风力发电技术

风能是非常重要并储量巨大的能源，它安全、清洁、充裕，能提供源源不绝、稳定的能源。目前，利用风力发电已成为风能利用的主要形式，受到世界各国的高度重视，而且发展速度最快。

风力发电有三种运行方式：一是独立运行方式，通常是一台小型风力发电机向一户或几户提供电力，它用蓄电池蓄能，以保证无风时的用电；二是风力发电与其他发电方式（如柴油机发电）相结合，向一个单位、一个村庄或一个海岛供电；三是风力发电并入常规电网运行，向大电网提供电力，常常是一处风电场安装几十台甚至几百台风力发电机，这是风力发电的主要发展方向。

风力发电系统中两个主要部件是风力机和发电机。风力机着重发展变浆距调节技术，发电机则在变速恒频发电技术上不断创新。这是风力发电技术发展的趋势，也是当今风力发电的核心技术。

## （二）生态城市建设的建筑新能源技术

在建筑中积极利用新能源，能够很好地减少建筑的能耗。通常，建筑使用的新能源技术包括太阳能、地热能、风能等。同时，这些新能源技术有的可以直接应用到建筑建造中，有的则需要结合多个建筑进行应用，以便形成片区中局部新能源系统。这些新能源技术通常有以下几个方面。

### 1. 太阳能制冷

太阳能制冷的方法有多种，如压缩式制冷、蒸汽喷射式制冷、吸收式制冷等。压缩式制冷要求集热温度高，除采用真空管集热器或聚焦型集热器外，一般太阳能集热方式不易实现，所以造价较高；蒸汽喷射式制冷不仅要求集热温度高，一般说其制冷效率也很低，为 0.2% ～ 0.3% 的热利用效率；吸收式制冷系统所需集热温度较低，70℃ ～ 90℃即可，使用平板式集热器也可满足其要求，而且热利用较好，制作容易，制冷效率可达 0.6℃ ～ 0.7℃，所以一般采用也多，但设备庞大，影响推广。

### 2. 太阳能热水器

太阳能热水器是太阳能热利用中具有代表性的一种装置，它的用途广泛，形式多样。最常见的一种太阳能热水器是架在屋顶的平板热水器，常常是供洗澡用的。其实，在工业生产中以及采暖、干燥、养殖、泳池等许多方面也需要热水，都可利用太阳能。太阳能热水器按结构分类有闷晒式、管板式、聚光式、真空管式、热管式等几种。

### 3. 太阳房

太阳房是利用太阳能采暖和降温的房子。人们的生活能耗中，用于采暖和降温的能源占有相当大的比重。特别对于气候寒冷或炎热的地区，采暖和降温的能耗就更大。太阳房既可采暖，也能降温，最简便的一种太阳房称为被动式太阳房，建造容易，不需要安装特殊的动力设备。比较复杂一点，但使用方便舒适的另一种太阳房称为主动式太阳房。更为讲究高级的一种太阳房，则为空调制冷式太阳房。

### 4. 太阳能热发电

太阳能热发电是太阳能热利用中的重要项目。太阳能热发电是利用集热器把太阳辐射能转变成热能，然后通过汽轮机、发电机来发电。根据集热的温度不同，太阳能热发电可分为高温热发电和低温热发电两大类。按太阳能采集方式划分，太阳能热发电站主要有塔式、槽式和盘式三类。

5. 地热发电

地热发电是地热利用的最重要方式。高温地热流体应首先应用于发电。地热发电和火力发电的原理是一样的，都是利用蒸汽的热能在汽轮机中转变为机械能，然后带动发电机发电。所不同的是，地热发电不像火力发电那样要备有庞大的锅炉，也不需要消耗燃料，它所用的能源就是地热能。地热发电的过程，就是把地下热能首先转变为机械能，然后再把机械能转变为电能的过程。要利用地下热能，首先需要有“载热体”把地下的热能带到地面上来。目前能够被地热电站利用的载热体，主要是地下的天然蒸汽和热水。按照载热体类型、温度、压力和其他特性的不同，可把地热发电的方式划分为蒸汽型地热发电和热水型地热发电两大类。

6. 地热供暖

将地热能直接用于采暖、供热和供热水是仅次于地热发电的地热利用方式。因为这种利用方式简单、经济性好，备受各国重视。

7. 风力致热

“风力致热”是将风能转换成热能。目前有三种转换方法。一是风力机发电，再将电能通过电阻丝发热，变成热能。虽然电能转换成热能的效率是 100%，但风能转换成电能的效率却很低，因此从能量利用的角度看，这种方法是不可取的。二是由风力机将风能转换成空气压缩能，再转换成热能，即由风力机带动离心压缩机，对空气进行绝热压缩而放出热能。三是将风力机直接转换成热能。显然第三种方法致热效率最高。风力机直接转换热能也有多种方法。最简单的是搅拌液体致热，即风力机带动搅拌器转动，从而使液体(水或油）变热。“液体挤压致热”是用风力机带动液压泵，使液体加压后再从狭小的阻尼小孔中高速喷出而使工作液体加热。

### （三）生态城市建设的生物质能技术

在新能源中，生物质能源是未来重要的能源形式之一。据预测，到 2050 年，利用农、林业剩余物，以及种植和利用能源作物等生物质能源，有可能提供世界 60% 的电力和 40% 的燃料。生物质能是中国仅次于煤的第二大能源，占全部能源消耗总量的 20%，发展生物质能源对中国这样的农业大国意义更为重大。

生物质能的原料主要是谷物、秸秆、劣质食用油、麻风树籽、薯类、甘蔗等及新培育的各种能源植物。这些原料在中国均为优势资源。通过大量开发种植作为生物质能源的植物，不仅可以提高荒漠土地的利用率，改善生态环境，还有利于农村产业结构调整，增加农民收入。

目前，生物质能源开发的方向主要有：利用含油脂的植物生产植物柴油；利用植物中的淀粉和糖生产乙醇；利用植物厌氧发酵生产沼气；利用植物高温受热分解生产可燃气体；利用机械方法把植物加工成固体燃料进行燃烧等。

生物质热化学转化主要有热解干蒸、热解气化和热解液化三种。热解干蒸技术可将木质生物质转化为炭、燃气和多种化学品。但缺点是利用率较低，原料适应性不强；热解气化可将生物质主要转化为可燃气体，既可用作生活煤气，也可用作制作氢或合成气的原料，还可以通过锅炉或内燃机等转化为热能或电能；热解液化是在中温闪速加热条件下使生物质迅速热解，然后对热解产物迅速冷凝获得一种称为生物油的初级液体燃料，提制后可替代柴油、汽油用于内燃机。

## （四）生态城市建设中公交客车上应用的清洁能源技术

目前，在大力发展公共交通的交通模式下，公交更需要广泛运用清洁能源技术。清洁能源汽车主要包括低排放的燃油汽车、燃气汽车和电动汽车这三个类别。燃油汽车主要是常规汽油、柴油汽车；燃气汽车主要有压缩天然气（CNG）汽车、液化天然气（LNG）汽车、液化石油气（LPG）汽车；电动汽车主要是混合动力（Hybrid）汽车、纯电动（BEV）汽车、燃料电池（Fuel Cell）汽车和超级电容（Super Capacitor）汽车。汽车的替代燃料包括二甲醚（DME)、生物燃料（乙醇汽油、生物柴油)、生物质 / 煤 / 天然气合成燃油、甲醇汽油等。其中，适用于公交客车的新能源或新动力主要有压缩天然气（CNG)、液化天然气（LNG)、二甲醚和混合动力、燃料电池和超级电容等。

### 1. 压缩天然气及液化天然气客车

压缩天然气（CNG）是较为常用的车用替代燃料，也是一种较好的过渡动力选择。中国有着丰富的天然气资源，车用天然气技术比较成熟，经济性好且低排放；同时相关配套设施，如气站建设也在一些地方初具规模。在天然气资源丰富的西部地区，如成都、重庆、乌鲁木齐等地已得到普遍应用。

液化天然气（LNG）以液态储存，具有比压缩天然气（CNG）高得多的能量密度，便于储存和运输，作为车用燃料续驶里程长并能进一步改善汽车的排放。

### 2. 混合动力客车

混合动力 (Hybrid) 客车采用传统的内燃机和电动机作为动力源，通过优化控制策略，实现在不同工况下各种动力源的优化组合，使车辆的尾气排放更低，而工作效率更高，是符合节能环保要求的一种选择，还可以为电动车和燃料电池车的发展奠定基础。

### 3. 燃料电池客车

氢是宇宙中含量最丰富的元素，也是理想的能源载体。燃料电池客车（Fuel Cell）以氢为燃料，排出的是水，是一种零排放的交通工具，符合未来城市公交车的发展趋势。我国燃料电池汽车技术取得重大进展；但燃料电池汽车尤其是燃料电池发动机，尚存在许多技术难关。尽管实现燃料电池汽车产业化发展将有助于促进国家能源安全和环境污染问题的解决，但目前国际上燃料电池关键部件、整体技术路线还处于不断调整的阶段，目前尚未达到产业化的程度。此外，大幅度降低燃料电池成本和大幅度提高燃料电池寿命是亟待解决的关键问题。

4. 超级电容客车

超级电容客车是为了解决传统电车供电线路对城市环境的视觉污染问题，同时保留电车零排放的优点而研制的一种以先进的储能装置——超级电容器为动力电源的新型节能环保型汽车。

超级电容公交客车充分利用了超级电容器的独特性能，在保留无轨电车优点的同时，克服了无轨电车机动性差、架空线景观污染的缺点，利用进站时乘客上下车的时间完成对超级电容器的快速充电，具有充/放电功率大、充电速度快、寿命长、无尾气排放、机动性好、噪声低、运行成本低和安全可靠性好等优点，为城市交通提供了一种清洁环保的交通工具。

超级电容汽车的定位就是发展城市公交车。超级电容公交车是以无轨电车技术改造为目标而开发的，可以充分利用现有无轨电车供电资源，在供电建设方面投入小。

## （五）生态城市建设可再生能源分布式的发电技术

分布式发电（Distributed Generation，DG）是相对传统的集中式供电方式而言，通常指发电功率在数千瓦至 50 千瓦，小型模块化且分散布置在用户附近的高效、可靠的发电技术。分布式发电分为两类：一类是利用不可再生能源的分布式发电，主要是采用化石燃料作为能源如煤电等，这类发电方式通常会产生较多的二氧化碳和二氧化硫等废弃物。另一类则是利用可再生能源的分布式发电，它包括风力发电、生物质发电、垃圾废弃物发电、地热发电、太阳能发电等。在低碳生态城市中，应当积极发展可再生能源分布式发电技术。

1. 可再生能源分布式发电的优点

（1）与大电网优势互补、灵活可靠

将分布式发电应用于传统的电力系统，既可以满足电力系统和用户的特定要求，又可以提高系统的灵活性、可靠性和经济性。随着一些大的停电事故的发生，小容量、低成本的可再生能源分布式发电受到了广泛的重视。由于分布式发电系统是相互独立的，当大电网发生故障时，分布式发电可以避免一些灾难性后果的发生，保证其用户的供电不受影响。

（2）资源节约、环境友好

利用可再生能源发电可以缓解枯竭性化石能源的大量消耗，有利于控制和修复环境污染、减排温室气体，用化石能源每发电 1 度，就要向自然界排放 2 千克左右的二氧化碳，如果用可再生能源代替化石能源则每发电 1 度，就能减少等量的二氧化碳排放。中国的可再生能源呈区域性分布特征，吉林、青岛、山东等地的风能，包头的地热资源以及各地的城市生活垃圾、生物质能等，这些都适用于建立分散式的、靠近终端用户的发电系统。

### 2. 主要电源技术

可再生能源分布式发电中主要电源技术包括太阳能发电的光伏发电技术、燃料电池技术、风力发电技术和生物质发电技术等。

（1）燃料电池技术

燃料电池的工作原理是富含氢的燃料(如天然气、甲醇)与空气中的氧气结合生成水，氢氧离子的定向移动在外电路形成电流，通过电化学的过程将燃料的化学能转化为电能。通常，燃料电池发电设备主要由三部分组成：燃料处理部分、电池反应堆部分、电力电子换流控制部分。作为小规模联供技术的原动机，燃料电池是一种高效、洁净的发电装置，非常适合于做分布式电源。该技术主要应用于单体建筑或居住区内的能源系统，主要与大电网形成联合供应系统，满足日常生活中冷热能源需求。

（2）风力发电技术

风力发电机组从能量转换角度分成两部分：风力机和发电机。风速作用在风力机的叶片上产生转矩，该转矩驱动轮毂转动，通过齿轮箱高速轴、刹车盘和联轴器再与异步发电机转子相连，从而发电运行。风力发电形式可分为离网型和并网型。并网型风力发电是大规模开发风电的主要形式，也是近几年来风电发展的主要趋势。在风力资源较丰富的地区应当积极运用风力发电，并尽量采用并网型形式。

（3）光伏电池技术

光伏电池是将可再生的太阳能转化成电能的一种电装置。虽然光伏电池与常规发电相比有技术条件的限制，如投资成本高、系统运行的随机性等，但由于它利用的是可再生的太阳能，因此其前景依然被看好。在城市建设中，应当在太阳日照充足地区积极利用屋顶布置太阳能发电设备，这样就可以根据建筑分布的区域形成独立的发电系统，从而减少大电网的供电量，促进可再生能源的利用。

（4）生物质发电技术

生物质发电是首先将生物质转化为可驱动发电机的能量形式（如燃气、燃油、酒精等），再按照通用的发电技术发电。以生物质发电技术为电源的分布式发电系统更加适用于生物质丰富的地区，比如农村地区、郊野公园等。在这些地区，可以积极通过该技术进行分布式发电的应用。

### 3. 分布式发电系统中的储能技术

（1）飞轮储能技术

飞轮储能技术是一种机械储能方式，利用高速旋转的飞轮来储存能量。由于飞轮材料和轴承问题等关键技术一直没有解决而停滞不前，20 世纪 90 年代以来，由于高强度的碳纤维材料、低损耗磁悬浮轴承、电力电子学三方面技术的发展，飞轮储能器才得以重提，并且得到了快速的发展。

（2）超导储能技术

超导储能系统利用由超导线制成的线圈，将电网供电励磁产生的磁场能量储存起来，在需要时再将储存的能量送回电网或作他用。

（3）蓄电池储能技术

蓄电池储能系统由电池、直交逆变器、控制装置和辅助设备（安全、环境保护设备）等组成，目前在小型分布式发电中应用最为广泛。根据所使用化学物质的不同，蓄电池可以分为铅酸电池、镍镉电池、镍氢电池、锂离子电池等。

（4）超级容器储能技术

超级电容器使用特殊材料制作电极和电解质，这种电容器的存储容量是普通电容器的20 ～ 1000 倍，同时又保持了传统电容器释放能量速度快的特点。根据储能原理的不同，可以把超级电容器分为两类：双电层电容器和电化学电容器。

### 4. 分布式发电的并网技术

可再生能源的分布式发电要并入城市的大电网才能够更好地发挥作用。目前，微网技术是分布式发电系统与大电网并网的技术之一。微网技术是集成多个分布式发电机（DG）和负荷的独立系统，提供电能和热能，其中大多数 DG 都是基于电力电子设备提供所要求的灵活性，以确保作为一个单独的集成系统运行。对于大电力系统来说这种控制的灵活性允许微网是一个单独的可控模块，以满足本地负荷的可靠性和安全性需要。

微网是一个独立的运行单元，对大电网不会产生大的影响，而且不需要修改大电网的运行策略；利用微网技术可以非常灵活地把 DG 接入或撤离大电网；微网可以孤立运行，从而大大提高了电网的可靠性。微网也可以并网运行。在并网运行时，微网和传统配电网类似，服从系统调度，可同时利用微网内 DG 发电和从大电网吸取电能，并能在自身电力充足时向大电网输送多余电能。当外界大电网出现故障停电或有电力质量问题时，微网可以通过能量管理单元控制主断路器切断与外界联系，实行孤立运行，此时微网内负荷全部由 DG 供电。当故障解除后，主断路器重新合上，微网重新恢复和主电网同步运行，以保证系统平稳恢复到并网运行状态。保证这两种运行模式无缝转换的关键是微网与电网之间的电力电子接口，这种接口可以使分布式电源实现即插即用，同时，可使微网作为一个独立的模块，以尽量减少分布式电源对电网的不利影响。

## 第三节　生态城市评价体系的构建策略

生态城市评价是生态城市研究的关键问题之一，是当前国内外生态城市研究领域的科学前沿。本章主要讲述了生态城市评价的概念、类型、具体内容，生态城市指标体系的构建对策和生态城市评价模型的构建对策等内容。

## 一、生态城市评价的概念与类型

### （一）生态城市评价的概念

科学、准确、全面的生态城市现状评价是生态城市规划目标制定、城市发展定位、城市发展总体规划等内容的基础。生态城市评价实质是城市生态评价，它是以城市生态系统为评价对象，以城市的结构和功能特征为依托，以生态学思想为指导，对城市生态系统中各生态要素（或细目）的相互作用以及各子系统的协调程度所进行的综合评价，评价的本质在于对评价对象价值的反映。

城市生态评价与环境评价的关系密切，但它们的侧重点有所不同。在环境评价中常常采用理化方法分别对大气、水、固体废弃物、噪声以及土壤等环境要素进行分析，有时也对生物系统进行分析，但多是把它们作为环境质量的指标，很少对社会——经济——自然复合生态系统本身进行评价。而城市生态评价虽然也要应用城市环境质量评价的方法和结果，但它的重点是根据生态系统的观点，对城市生态系统中的各个组成成分的结构、功能以及相互关系的协调性进行综合评价，以确定该系统的发展水平、发展潜力和制约因素。

### （二）生态城市评价的类型

城市生态评价一般分为两大类，一类是对城市生态因子（对外部环境）的评价，另一类是对城市生态系统综合评价。前者可以看作是单要素过程评价，后者可看作系统生态关系评价。目前在生态城市规划中，主要应用的是城市生态系统综合评价。

## 二、生态城市评价的具体内容

### （一）生态位评价

#### 1. 城市生态位的基本理论

城市生态位，是一种城市区域内的人类生境给人类生存和活动所提供的自然禀赋与外部系统（如生产力水平、环境容量、生活质量）关系的集合。它反映了一个城市的现状对于人类各种经济活动和生活活动的适宜程度，也反映了一个城市的性质、功能、地位、作用及其人口、资源、环境的优劣，从而决定了它对不同类型的经济活动以及不同职业、年龄人群的吸引力和离心力。

一般地，从属性上可以把城市生态位分为两类：一类是反映区域自然资源与环境的自然生态位（N）；一类是社会与经济的社会经济生态位（S）。其中自然生态位包括自然生产条件（土地、光照、年积温、降水量等）与环境（物理环境质量、生物多样性、景观适宜度等）；社会经济生态位包括城市的经济水平（物质和信息及流通水平）、人工资源丰盛度（如资金、劳力、智力、基础设施）及物质生活和精神生活水平及社会服务水平等。一般城市或其他人口聚集区域生态位往往是体现呈现出社会经济生态位与自然生态位并重，甚至是社会经济生态位占上风。

也可以把城市生态位分为两类：相对生态位（R）和绝对生态位（0）。前者是在对城市各划分单位生态位势的横向比较，反映了区域内各划分单位之间的相对生态位势；后者是在一定标准下，将指数因子标准化后计算出的绝对值，它从宏观上提供了区域环境的生态位的度量值。

从功能上，也可以把城市生态位划分为工业生态位、商业生态位和人居生态位、农业生态位等。这些也构成了城市的功能生态位。功能生态位是指一定区域内，以一定生态功能为目标下的区域生态位势。功能生态位高低说明该区域的该生态功能适宜性强弱。

#### 2. 城市生态位评价一般程序与评价方法

目前城市生态评价常用方法大多借鉴于国外的方法，而且这些方法往往只是从某个角度来对城市生态进行综合评价，缺乏全方位、多角度又自成一体的评价手段，如前之所介绍的生态健康评价、生态足迹评价等。因此，在充分吸收前述评价方法优点的基础上，从生态位基本理论出发，根据城市生态位的分类，设计城市生态位评价法，评价方法包括绝对生态位、相对生态位和功能生态位三部分评价。其中绝对生态位侧重评价城市的综合生态位势，相对生态位侧重评价区域内多个评价单元之间的横向比较，突出相对位势；功能生态位则侧重各功能因素，比如工业功能、商业功能等，评价各划分区域相对该功能的位势。

一般地，城市生态评价的程序可以概括为以下几个步骤。

（1）对区域环境进行评价单位划分。一般可以通过网格划分或地理条件划分或行政区划划分。

（2）指标体系的建立。可以通过层次分析法，确定指标体系。

（3）指标的选取、评价和筛选，同时各自赋予权重，权重一般通过专家法或特征向量法确定。

（4）建立指标的分级与标准化评分体系。

（5）计算与评价。若是相对生态位评价，先确定基值，一般以区域整体平均值为基本值，再计算各划分单位的相对值。若是绝对生态位评价，则统计加权后得分，获得绝对生态位值，一般取值越高越好。

城市生态位评价一般采用层次分析法建立指标体系，评价方法多采用综合指数法和模糊评价法相结合，最后得出生态位值。

需要注意的是，在进行生态位评价时，不同的生态位评价，指标体系是各有侧重的。一般对一个城市做绝对生态位评价时，评价范围多是包括远郊的整个市域，属性上是自然生态位和社会经济生态位结合的生态位，因此绝对生态位评价指标体系中一般包括自然、社会、经济指标；而相对生态位往往只限于评价市区建成区内的各个评价单元的横向比较，因此指标体系侧重于选择社会经济指标；而功能生态位则主要是评价区域内的各种功能的优势定位，指标体系侧重于选择功能性指标，比如做工业生态位评价时，应该侧重选择和工业相关性较高的指标。

### （二）城市生态化水平评价

城市生态化水平评价的指标体系：开展生态城市评价研究的首要条件是建立一套科学完整的评估指标。由于城市是由人口、社会、经济、自然生态所组成的复合系统，因此其指标体系要能科学、系统地反映其层次结构。确定指标的标准以及权重是建立生态城市指标体系的核心内容。制定生态城市评价标准的原则是：第一，凡已有国家标准或国际标准的指标，尽量采用规定的标准值。第二，可以参考国内、国外具有良好特色的城市的现状值作为标准值。权重是衡量各项指标和准则层对其目标层贡献程度大小的物理量。为了最大限度消减评价过程中的主观随意性和误差，可以采用层次分析法（AHP），经过指标相对重要性专家咨询、判断矩阵的构建以及相关计算，最后得到各级值指标的权重表。根据上述公式计算出各级指标的结果，进一步对综合指数进行分级，以确定城市的生态化程度。

评价模型与综合指数计算：常用的系统评价方法主要有经验评估法、综合分级评分法、标准指数加权综合模型评价法以及评价信息系统等。

### （三）城市生态系统健康评价

#### 1. 生态系统健康的基本含义

生态环境系统健康应该包含两方面内涵：满足人类社会发展合理要求的能力和生态系统本身自我维持与更新的能力，前者是后者的目标，而后者是前者的基础。

城市生态系统是一个社会、经济、自然复合生态系统，其健康状态可以理解为满足城市发展的合理要求的能力和城市社会—经济生态—人类复合生态系统的自我维持和更新的能力以及辨明城市发展与其生态环境间相互关系的协调发展程度。

城市生态系统健康包括从短期到长期的时间尺度、从地方到区域空间尺度的社会系统、经济系统和自然系统的功能，从区域到全球胁迫下的地球环境与生命过程，其目标是保护和增强区域甚至地球环境容量及恢复力，维持其生产力并保持地球环境为人类服务的功能。

#### 2. 城市生态系统健康评价基本方法

城市生态系统健康评价一般通过建立评价指标体系，获得综合指数的方法进行评价。目前，国内经常采用的是郭秀锐等提出来的城市生态健康评价指标体系。其二级指标主要包括五类，分别为活力、组织结构、恢复力、生态系统服务功能、人类健康状况。

## （四）城市生态安全格局评价

### 1. 生态环境系统安全格局概念

所谓生态环境系统的安全，是指一个地区或区域的生态环境条件以及所面临生态环境问题不对其生存和发展造成威胁，即该地区自然生态环境能满足人类和群落的持续生存与发展需求，而不损害自然生态环境的潜力。当一个地区所处的自然生态环境状况能够维系其经济社会可持续发展时，它的生态就是安全的；反之，就不安全。生态安全是国家安全和社会稳定的一个重要组成部分，保障区域生态安全，是区域保护的首要任务。

一个地区生态环境系统的安全不仅指的是自然生态系统的安全，它还应当包括与人类密切联系的环境的安全、人文社会的安全以及人类可持续发展的安全。因此，研究生态环境系统安全应从这三个指标层来评价生态环境系统的安全：自然生态系统状态、人文社会压力和环境污染压力，在此基础上，根据三个指标层选取相应的指标来分析诊断生态环境系统安全性。

### 2. 生态环境系统安全性测算方法

生态环境各指标都有其限定范围，超出了该范围，就可能带来生态系统的不安全性，我们通常把该范围值称为生态系统的阈值，该安全阈值一般分为两类：

第一类，对于有利因素而言，如森林覆盖率、人均 GDP 等指标值越大越好，所以该阈值为安全的下限，若某区该变量值（$X$）等于或大于其阈值（$S$），则该区不安全因素（$P$）为零，否则不安全因素为 $X$；

第二类，对于不利因素，如人口密度、酸雨 pH 值等变量而言，其值越小越好，所以设定的阈值为安全的上限。如果某区该变量值（$X$）小于或等于其阈值，则不安全因素（$CP$）为零，否则不安全因素为 $P=1-S/X$。

当然，也有一些生态指标，例如基尼系数，一般介于 0 ～ 1，0 表示收入绝对平均，1 表示收入绝对不平均，小于 0.2 表示收入高度平均，大于 0.6 表示收入高度不平均。0.3 ～ 0.4 表示较为合理。国际上一般把 0.4 作为警戒线。

## （五）城市复合生态系统评价

城市复合生态系统理论研究的核心是生态结构的合理组合，具体涉及城市生态物质和社会学诸多因素的变异性、层次性、和谐性和演绎性。城市复合生态系统理论研究的宗旨在于生态整合，诸如系统结构整合，包括生物链的能量流动以及物质循环、环境物理、环境化学因素等，城市众多自然生态因素，科技含量与人力资源因素和社会文化因素组合体的比例、变异和多样性；过程整合，包括研究生物物种能量传递、信息沟通、平衡反馈，生态演替和社会经济过程的运作模式畅达、稳定程度；功能整合，包括城市的生产、流通、消费、还原和调控功能的效率及和谐程度。

城市复合生态系统理论研究与传统科学研究的区别在于，该研究将整体论同还原论、定量分析同定性分析、客观评价与主观认知、宏观调控与中观及微观的需求协调、区域竞争潜能与整体系统的相互依托、资源与能源信息等进行综合平衡和调配；还涉及共生和再生能力的循环，生产、流通、消费与还原功能的运作，社会、技术经济与环境目标的结合，结构与次序、空间与时间、能量与物质的统筹，科学、人文、经济与工程技术方法的统一等方面的研究。城市复合生态系统理论的研究为生态城市规划目标体系的制定提供了广阔的思维空间和经济、健康、文明三位一体的合理建构框架。

### （六）城市可持续发展能力评价

城市可持续能力通常用可持续度来定量衡量，城市可持续度是反映城市环境对于促进社会经济可持续发展的程度，是高度综合的指数。要把这种高度综合性的目标与具体的定量指标直接联系起来往往比较困难，为此就必须将综合性的目标分解为较具体的目标。

评价指标的选取一般采用层次分析法结合 Delphi 法进行，还可以参考国内外相关评价所采用的主要可持续发展指标体系，同时考虑到数据的可获得性以及易于定量化评价，同时还能够反映区域独特的自然地理和社会经济特征等。评价指标的选择要能够综合反映城市经济、社会、环境等各要素。在评价中首先进行单因素评价，然后进行可持续综合测度计算。

### （七）城市生态系统服务功能评价

生态系统服务功能是指生态系统与生态过程所形成及所维持的人类赖以生存的自然环境条件与效用。它不仅为人类提供了食品、医药及其他生产生活原料，更重要的是维持了人类赖以生存的生命支持系统，维持了生命物质的循环，维持了生物物种与遗传多样性，净化环境，维持了大气化学的平衡与稳定。

生态系统服务价值功能可以分为直接利用价值、间接利用价值、选择价值与存在价值。生态系统服务功能价值评估方法，因其功能类型不同而异。根据生态经济学、环境经济学和资源经济学的研究成果，生态系统服务功能的经济价值评估的方法可分为两类：一是替代市场技术，它以“影子价格”和消费者剩余来表达生态服务功能的经济价值，评价方法多种多样，其中有费用支出法、市场价值法、机会成本法、旅行费用法和享乐价格法；二是模拟市场技术（又称假设市场技术），它以支付意愿和净支付意愿来表达生态服务功能的经济价值，其评价方法只有一种，即条件价值法。

### （八）城市生态风险评价

生态风险评价从不同角度理解可以有不同的定义。

（1）从生态系统整体考虑，生态风险评价可以研究一种或多种压力形成或可能形成不利生态效应可能性的过程，也可以是主要评价干扰对生态系统或组分产生不利影响的概率以及干扰作用效果。

（2）从评价对象考虑，生态风险评价可以重点评价污染物排放、自然灾害及环境变迁等环境事件对动植物和生态系统产生不利作用的大小和概率，也可以主要评价人类活动或自然灾害产生负面影响的概率和作用。

（3）从方法学角度来看，生态风险评价可以被视为一种解决环境问题的实践和哲学方法，或被看作收集、整理、表达科学信息以服务于管理决策的过程。

（4）生态风险评价是预测污染物可能产生的对人及其他至关重要的生命有机体的损害的程度、范围，旨在保证水生态系统中的生物能正常栖息、活动和繁殖的环境，保证地区物理化学循环的正常运行。

（5）生态风险评价是利用环境学、生态学、地理学、生物学等多学科的综合知识，采用数学、概率论等量化分析技术手段来预测、分析和评价具有不确定性的灾害或事件对生态系统及其组分可能造成的损伤。

生态风险评价的关键是调查生态系统及其组分的风险源，预测风险出现的概率及其可能的负面效果，并据此提出相应的舒缓措施。

水环境生态风险评价的程序基本可分为 5 部分：源分析、受体评价、暴露评价、危害评价和风险表征。这也是目前国际上生态风险评价研究最集中、成果最丰富的领域。其中，危害评价是水环境生态风险评价的核心，重点是建立污染物浓度与生物效应之间的关联，目前常用的研究方法包括急性毒性试验、慢性毒性试验、全废水监测、群落及系统毒性试验等。

区域生态风险评价中，环境中对生态系统具有危害作用并具有不确定的因素不仅是污染物，还包括各种自然灾害和人为事故，如洪水、风暴、地震、滑坡、火灾和核泄漏等，这些灾害性事件也是生态系统的风险源，而且将影响到较高层次和较大尺度的生态系统。区域生态风险评价的方法步骤可以概括为：研究区的界定与分析、受体分析、风险源分析、暴露与危害分析以及风险综合评价等几部分。

## 三、生态城市指标体系的构建对策

### （一）生态城市评价指标的选择对策

经济发展指标要突出速度、结构、效益三个重点，建立起符合经济发展内在规律、各产业比例合理、资源高效利用的生态经济系统，加快能流、物流、信息流的高效流动。主要包括人均国内生产总值、年人均财政收入、城市居民年人均可支配收入、第三产业占 GDP 的比重、单位 GDP 能耗和水耗、工业固体废物综合利用率、应当实施清洁生产的企业通过清洁生产审核的比例、规模化企业（年产品销售收入大于 500 万元的工业企业）通过 ISO 14000 认证的比例、资源（特别是水资源）利用科学合理等。

社会发展指标要突出以人为本，以改善人居环境为中心，加强基础设施建设，提高人口素质和生活质量，使城市载体功能与城市发展相适应。主要包括人口自然增长率、城市人口密度、城市生命线系统（包括交通、供水、供电、供气、供热系统）完好率，消防、突发公共卫生事件、地震等自然灾害、防洪抗旱、交通安全、工业事故（包括化学品泄漏)、反恐与治安、重大气象灾害等应急救援系统，燃气普及率、高等教育入学率、恩格尔系数、基尼系数、环境保护宣传教育普及率、市民对生态环境的满意率等。

生态环境发展指标要突出环境污染防治与生态保护性开发并重。建设城乡一体化的生态良好的循环系统，从而不断提高环境质量，促进自然资源的可持续利用。主要包括城市人均公共绿地、主要污染物排放强度、空气和水环境质量、噪声环境质量、生活污水集中处理率、工业用水重复利用率、生活垃圾无害化处理率、工业固体废物处置利用率、医疗废弃物处置率、饮用水源水质达标率、无重大环境污染和生态破坏事件、外来物种对生态环境未造成明显影响等。注重提高人居环境质量。在编制城市生态规划的过程中，要依据经济社会发展规划，按照上述指标体系科学规划城市的经济和生态活动，合理确定城市经济功能和生态功能、生态资源配置规模和布局，使各项城市活动按照生态城市的要求进行。同时，应优先考虑增强生态功能，保护原生态的自然生态绿地，改善城市生态环境。

## （二）生态城市指标体系的构建

指标体系的构建过程是一个从具体到抽象再到具体的辩证逻辑思维过程，是人们对现象总体数量特征的认识逐步深化、逐步求精、逐步完善、逐步系统化的过程。

### 1. 构建生态城市指标体系的步骤

这里运用层次分析法（AHP 法）对生态城市生态度进行定量的评价，将组成生态城市的各个组成系统及其子系统分解成若干组成因素，并将这些因素按性质不同进行分组，形成有序的递阶层次，进而构建其指标体系，其过程如下：

（1）理论准备

欲建立某个领域的指标体系，首先，要明确评价的总目标，对该领域的有关基础理论有一定深度和一定广度的了解，全面掌握该领域描述性指标体系的基本情况；其次，要选择适合的统计理论与方法；最后，还要了解国内外相应领域评价指标体系的现状，吸取其经验与教训。

（2）指标体系初选

在具备了相关的理论与方法之后，就可选择构建方法，按照指标体系的构建原则，围绕总目标构建初选指标体系。

评价指标的选择，方法主要有理论分析法、频度统计法、专家咨询法、综合法、交叉法、指标属性分组法等。这里采用理论分析法、频度统计法和专家咨询法。理论分析法是将评价的总目标划分成若干个不同组成部分或不同侧面（子系统），并逐步细分，直到每一部分和侧面都可以用具体的统计指标来描述、实现，这是构建评价指标体系最基本、最常用的方法；频度统计法是对有关城乡发展评价的研究中的指标进行频度统计，从中选择使用频率较高的指标；专家咨询法是在初步提出评价指标的基础上，进一步征询专家意见，对指标进行调整。

（3）指标体系优化

初选的结果并不一定是合理的、必要的，可能有重复，也可能有遗漏甚至错误。这就需要对初选指标体系进行精选优化，从而使之更加科学合理。

指标体系的优化包括单项指标优化和指标体系整体优化两部分。既要对整个指标体系中的每一个指标的可行性、正确性进行分析，同时，对指标体系中指标之间的协调性、必要性、齐备性进行检查。保证指标体系中的每一个单个评价指标的科学性，还要保证指标体系在整体上的科学性。

2. 生态城市评价指标体系的建立

这里的生态城市指标体系设计参考和借鉴了大量国内外生态城市、生态省、生态市考核指标、宜居城市评价指标等，从政治、经济、社会、文化、环境 5 个层面来设计，通过频度统计法、理论分析法、专家咨询法来设置、筛选指标，并进行主成分分析和独立性分析，选择内涵丰富又相对独立的指标构成具体评价指标体系，本评价体系由三个层次构成，即目标层、准则层、指标层。

目标层：城市生态度，即表征城市复合系统可持续发展、人与人、人与自然、经济与社会的和谐程度。

准则层：反映设置评价指标的依据和要求，主要包括：和谐的生态社会、高效的生态经济、民主的生态政治、创新的生态文化、健康的生态环境等 5 个层面。

指标层：是评价和考核各子系统状况的具体因子，选择静态、动态指标，存量、流量指标等，在时间上反映城市生态系统的发展和变化情况，空间上反映总体布局，数量上反映发展规模，质量上反映发展能力和潜力。

通过该指标体系可以得出生态城市的社会、经济、政治、文化、环境等 5 个子系统的发展状况，找出城市发展的优势和劣势，以便今后的生态城市建设在 5 个方面有所侧重。值得注意的是，指标的确定是在考虑现有数据的可获得性基础上选择的，因此，存在不完备的缺陷。随着对生态城市研究的发展和日益深入以及统计资料的不断完善，对指标还应该不断修改和补充。

# 参考文献

[1] 赵亮，张宇，于爱民，等 . 城市营造系列丛书城市设计的空间思维解析 [M]. 南京：江苏科学技术出版社，2021.

[2] 张福勇，江剑英，俞斌，等 . 城市街道规划设计管控手册 [M]. 北京：中国建筑工业出版社，2021.

[3] 申立银 . 低碳城市建设评价指标体系研究 [M]. 北京：科学出版社，2021.

[4] 王忠杰，韩炳越，马浩然，等 . 园境——中国城市规划设计研究院园林景观规划设计实践 [M]. 北京：中国建筑工业出版社，2021.

[5] 蒋雅君，郭春 . 城市地下空间规划与设计 [M]. 成都：西南交通大学出版社，2021.

[6] 苏阳 . 视觉符号与城市形象设计 [M]. 北京：化学工业出版社，2021.

[7] 程娟 . 生态透水铺装技术在海绵城市建设中的应用 [M]. 南京：东南大学出版社，2021.

[8] 周海彬 . 城市建设中的环境艺术设计 [M]. 成都：电子科学技术大学出版社，2020.

[9] 韩佳彤 . 城市轨道交通建设工程设计技术要求与编制管理指南 [M]. 北京：北京理工大学出版社，2020.

[10] 任志平 . 大型城市综合体设计及建造技术 [M]. 重庆：重庆大学出版社，2020.

[11] 樊佳奇 . 城市景观设计研究 [M]. 长春：吉林大学出版社，2020.

[12] 周燕，杨麟 . 城市滨水景观规划设计 [M]. 武汉：华中科学技术大学出版社，2020.

[13] 于涛 . 中国城市增长模式转型研究 [M]. 南京：东南大学出版社，2020.

[14] 刘志义 . 城市轨道交通工程设计（下）[M]. 北京市：中国铁道出版社有限公司，2020.

[15] 王星华 . 城市轨道交通工程学 [M]. 北京：中国铁道出版社，2020.

[16] 陆娟，赖茜 . 景观设计与园林规划 [M]. 延吉：延边大学出版社，2020.

[17] 梁家琳，闫雪 . 当代城市建设中的艺术设计研究 [M]. 北京：中国戏剧出版社，2019.

[18] 孔德静，张钧，胥明，等 . 城市建设与园林规划设计研究 [M]. 长春：吉林科学技术出版社，2019.

[19] 左小强 . 城市生态景观设计研究 [M]. 长春：吉林美术出版社，2019.

[20] 陈罡 . 城市环境设计与数字城市建设 [M]. 南昌：江西美术出版社，2019.

[21] 钟鑫 . 当代城市设计理论及创作方法研究 [M]. 郑州：黄河水利出版社，2019.

[22] 郭静姝 . 生态环境发展下的城市建设策略 [M]. 青岛：中国海洋大学出版社，2019.

[23] 王伟业，俞先富，余建民，等 . 城市道路建设质量标准化管理 [M]. 杭州：浙江工商大学出版社，2019.

[24] 李佳蔚，赵颖 . 当代城市环境艺术设计的系统性研究 [M]. 沈阳：沈阳出版社，2019.

[25] 张倩 . 城市规划视野下的城市经济学 [M]. 南京：东南大学出版社，2019.

[26] 杨锦峰 . 文化现实与文化方略城市文化建设调研规划 [M]. 大连：大连出版社，2019.

[27] 张学勤，李兆云 . 现代城市生态研究 [M]. 长春：吉林人民出版社，2019.

[28] 徐小东，王建国 . 绿色城市设计 （第 2 版 )[M]. 南京：东南大学出版社，2018.

[29] 段进，刘晋华 . 中国当代城市设计思想 [M]. 南京：东南大学出版社，2018.

[30]王晶，张春红，孙蓉蓉，等.城市生态社区建设研究[M].长春：吉林美术出版社，2018.

[31]路萍，万象.城市公共园林景观设计及精彩案例[M].合肥：安徽科学技术出版社，2018.

[32] 曹轶臻，张生言，谌平，等 . 城市公共文化云平台建设 [M]. 北京：中国传媒大学出版社，2018.

[33] 朱建江 . 城市学概论 [M]. 上海：上海社会科学院出版社，2018.